Digital Electronic Technology
Experiments Based on ELVIS III

基于ELVIS III的
数字电子技术实验

梁海泉　编著

同济大学 出版社
TONGJI UNIVERSITY PRESS
·上海·

内 容 提 要

本数字电子技术实验指导书旨在通过实验教学的方式,加深学生对数字电子技术的理解,提高学生将知识应用于专业领域的能力。本书共包含 10 份实验指导书,涵盖基础、拓展和综合三个方面。其中,4 份基础实验指导书的内容分别为集成门电路基本功能测试、组合逻辑电路、时序逻辑电路和 555 定时器应用。4 份拓展实验指导书的内容包括竞争冒险现象、时钟分配器、模数转换电路和数模转换电路。2 份综合实验指导书的内容为数字时钟和基于数模转换器实现波形发生器。另外,本书还为每个实验设置了若干思考题,以供读者进一步思考和探索。本书以 NI 公司的 ELVIS Ⅲ 实验设备和 Multisim 仿真软件为基础进行编写,适用对象主要为新工科车辆工程(四年制)专业大学三年级的学生,同时也适合对数字电子技术实验感兴趣的初学者。

图书在版编目(CIP)数据

基于 ELVIS Ⅲ 的数字电子技术实验 / 梁海泉编著
. -- 上海:同济大学出版社,2023.5
ISBN 978-7-5765-0839-0

Ⅰ.①基…　Ⅱ.①梁…　Ⅲ.①数字电路-电子技术-
实验-高等学校-教材　Ⅳ.①TN79-33

中国国家版本馆 CIP 数据核字(2023)第 081888 号

本书受同济大学第十五期精品实验项目资助(项目编号:2860104035)

基于 ELVIS Ⅲ 的数字电子技术实验

梁海泉　编著

责任编辑　陆克丽霞　**责任校对**　徐春莲　**封面设计**　陈益平

出版发行	同济大学出版社　　www.tongjipress.com.cn	
	(地址:上海市四平路 1239 号　邮编:200092　电话:021-65985622)	
经　销	全国各地新华书店	
印　刷	江苏凤凰数码印务有限公司	
排　版	南京月叶图文制作有限公司	
开　本	787 mm×1092 mm　1/16	
印　张	7.5	
字　数	187 000	
版　次	2023 年 5 月第 1 版	
印　次	2023 年 5 月第 1 次印刷	
书　号	ISBN 978-7-5765-0839-0	

定　价　38.00 元

前　言 ---

　　本实验指导书旨在为轨道交通专业的学生提供数字电子技术方面的实验指导。随着科学技术的迅速发展,数字电子技术已成为现代电子技术中最为重要的分支之一。在轨道交通领域,数字电子技术的应用越来越广泛,因此对数字电子技术的掌握也变得愈发重要。

　　电子技术实验是新工科车辆工程(四年制)专业学生必修的一门实验课程,本书主要作为轨道交通方向电子技术实验课程配套的实验指导书,另外也适用于对数字电子技术感兴趣的初学者使用。本书共包含 10 份实验指导书,整体上涵盖基础、拓展、综合三个方面。其中 4 份适用于课内实验教学的数字电子技术基础实验(实验一至实验四),4 份适用于开放实验的拓展实验(实验五至实验八),另外还有 2 份适用于综合性实验(实验九和实验十)。本实验指导书基于 NI 公司的 ELVIS Ⅲ 实验设备硬件 Multisim 仿真软件进行编写,特别适合于使用该软硬件平台的学习者。

　　本实验指导书包含一系列基础的数字电子技术实验,旨在帮助学生掌握数字电子技术的基本原理和实验操作技能。另外,特别设计了若干复杂度较高的拓展和综合实验,以满足不同层次学生的需求。通过这些实验,学生可以了解数字电子技术在轨道交通领域的应用,掌握数字电子技术在实际应用中的方法和技巧。本实验指导书通过设计贴近工程实际的实验内容和实验方法来帮助学生加深对专业知识的理解,培养学生将数字电子技术应用于专业领域的能力,不仅符合国家"三全育人"的教学理念,在加强工科实验教学、激发学生实践创新能力方面也具有一定的推动作用。

　　最后,感谢所有为本实验指导书的撰写和提供帮助的人员,特别是实验室的老师和同学们。你们的辛勤工作和无私奉献为本实验指导书的成功出版奠定了坚实基础。

　　希望本实验指导书对您的学习和工作有所帮助,也欢迎广大读者提出宝贵的意见和建议,以便我不断改进和完善本指导书。

梁海泉

2023 年 2 月 25 日

目 录 •--

1

NI ELVIS Ⅲ实验平台介绍

1.1　NI ELVIS Ⅲ实验平台概览

NI ELVIS Ⅲ全称为国家仪器教育实验室虚拟仪器套件Ⅲ（National Instruments Educational Laboratory Virtual Instrumentation Suite Ⅲ），它将仪器仪表、嵌入式设计和网络连接结合起来，用于工程基础和系统设计。它提供了一个全面的教学解决方案，让学生参与到模拟电路、机电一体化、电力电子、仪器仪表、数字通信、数字电子、控制等方面的动手实验中。每个实验室的解决方案都包括工业和教育专家开发的实验室材料及完整的实验教程，因此，学生可以在物理实验室中安全地探索学习各种实验的相关知识。NI ELVIS Ⅲ将常用的实验室仪器、灵活的模拟和数字 I/O 以及高性能嵌入式控制器结合在一起，其开放式软件架构支持广泛的实验探索，允许学生通过即时应用程序和基本编程 API 快速学习相关概念，例如学习嵌入式处理器或 FPGA 的底层编程。NI ELVIS Ⅲ具有良好的可扩展性，可将其移动原型板替换为其他特定领域的应用板。NI ELVIS Ⅲ的外观与结构如图 1-1 所示，主要包括左侧的实验板及右侧的相关输入输出接口。

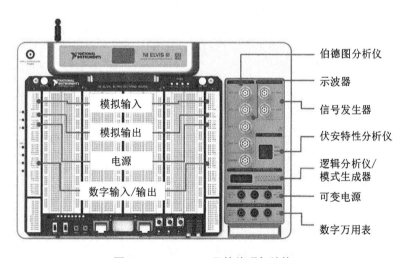

图 1-1　NI ELVIS Ⅲ的外观与结构

NI ELVIS Ⅲ基于 LabVIEW RIO(LabVIEW Reconfigurable Input/Output)架构，该架构包含 LabVIEW 实时(RT)系统、用户可编程 FPGA 和用户可编程 I/O。图 1-2 说明了 NI ELVIS Ⅲ RIO 架构的物理布局。其中，LabVIEW 实时(RT)系统由软件和硬件组

成。RT 系统的软件组件包括 Lab VIEW、RT 引擎以及用户创建的 Lab VIEW 项目和 VI (Virtual Instrument,虚拟仪器)。RT 系统的硬件组件包括主机和靶机,靶机如 NI ELVIS Ⅲ平台。RT 系统包括以下四个部件。

(1) 客户端主机。客户端主机是一台安装有 LabVIEW、LabVIEW 实时模块和 Lab VIEW ELVIS Ⅲ工具包的计算机,用户可以在其上为 RT 系统开发 VI。在开发 RT 系统 VI 后,用户可以下载并在 RT 目标上运行 VI,另外,主机可以访问 NI ELVIS Ⅲ用户 界面。

(2) LabVIEW。用户可以在主机上使用 LabVIEW 开发 VI。实时模块通过用于创建、调试和部署确定性 VI 的附加工具扩展了 LabVIEW 的功能。LabVIEW ELVIS Ⅲ工具包为 LabVIEW RT 应用程序提供了 NI ELVIS Ⅲ特定支持。

(3) 实时运行时间引擎。实时运行时间引擎是在 NI ELVIS Ⅲ上运行的 LabVIEW 版本。

(4) 靶机。靶机即为 NI ELVIS Ⅲ平台。NI ELVIS Ⅲ是一个网络硬件平台,具有嵌入式处理器并运行实时操作系统。用户可以使用单独的主机通过 USB、以太网或 Wi-Fi (仅限 Wi-Fi 型号)与 NI ELVIS Ⅲ上的 VI 通信。

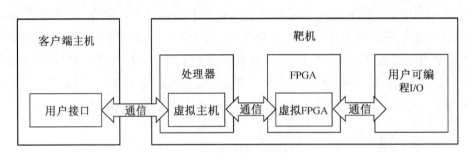

图 1-2 RIO 架构的物理布局

1.2 NI ELVIS Ⅲ 硬件结构

NI ELVIS Ⅲ提供标准化接口,使得连接方便快捷,例如为 I/O 应用板和仪表 I/O 提供工业标准连接器,通信端口使用标准器件。具体而言,NI ELVIS Ⅲ的关键特征包括如下几点:

(1) 工程实验室工作站,可通过 USB、以太网或 Wi-Fi 进行控制。

(2) 全套实验室仪器,包括示波器、函数和任意波形发生器、数字万用表、可变电源、逻辑分析器和模式生成器、电流-电压分析仪和 Bode 分析仪。

(3) 灵活的 I/O 控制和测量功能:模拟输入/输出、数字输入/输出、固定电源。

(4) 高性能 RIO 控制器,支持 Lab VIEW RT 和 Lab VIEW FPGA 编程。

(5) 模块化应用板,支持原型实验的默认应用程序板和众多领域特定的应用板。

　　NI ELVIS Ⅲ的外形结构如图 1-3 所示,表 1-1 给出了每个器件的名称。NI ELVIS Ⅲ的工业级性能十分突出,以示波器为例,当示波器增至 4 个通道、带宽达到 50 MHz、14 bit 分辨率时,独立采样率可达 100 MS/s。这些出色的技术指标使得 NI ELVIS Ⅲ能为用户提供高精度测量以及波形细节捕捉的信号探测能力。除此之外,NI ELVIS Ⅲ采用了独特的过流和过压保护设计,有效提升了仪器的安全性能。

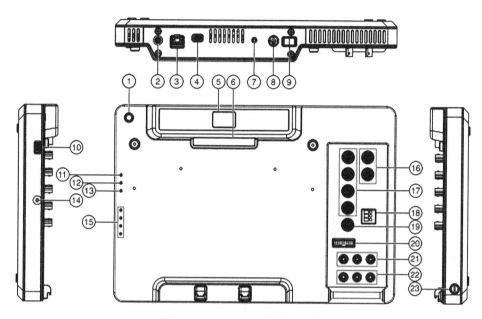

图 1-3　NI ELVIS Ⅲ的外形结构

表 1-1　NI ELVIS Ⅲ 器件名称

编号	器件名称	编号	器件名称	编号	器件名称
①	应用板电源按钮/LED	⑨	工作站电源开关	⑰	示波器 BNC 连接器
②	Wi-Fi 天线连接器	⑩	USB 主机端口	⑱	IV 分析仪螺丝端子
③	以太网端口	⑪	工作站电源 LED	⑲	触发 BNC 连接器
④	USB 设备端口	⑫	状态 LED	⑳	逻辑分析仪/模式发生器 20 针连接器
⑤	OLED 显示器	⑬	Wi-Fi LED	㉑	可变电源插孔
⑥	应用板连接器	⑭	用户可编程按钮	㉒	数字万用表插孔
⑦	复位按钮	⑮	用户可编程 LED	㉓	数字万用表保险管
⑧	电源连接器	⑯	功能发生器 BNC 连接器		

　　NI ELVIS Ⅲ的硬件架构(图 1-4)基于 FPGA 和 RT 处理器,用户可以通过编程访问。另外,用户通过应用板可以控制各种模拟和数字 I/O 线路,并通过专用连接器可以控制仪表 I/O。

　　NI ELVIS Ⅲ原型板默认连接到设备,并通过测试板连接器以及实验室中常用的其他

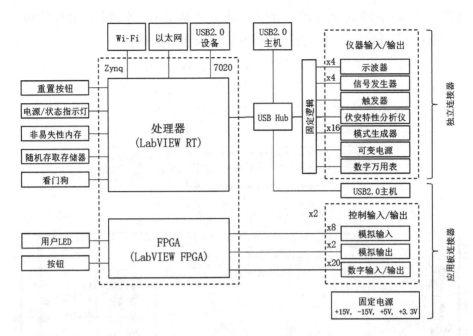

图 1-4　NI ELVIS Ⅲ 硬件架构

外围设备方便地访问可用的 I/O。图 1-5 展示了 NI ELVIS Ⅲ 原型板的外观及接口，各器件名称见表 1-2。

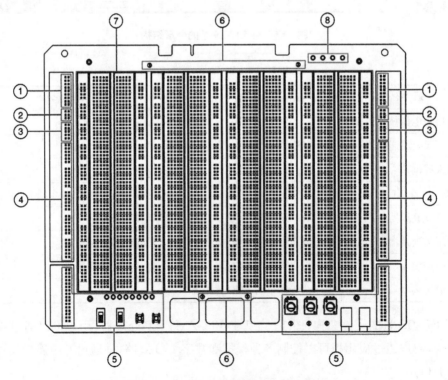

图 1-5　NI ELVIS Ⅲ 原型板外观及接口

表 1-2　NI ELVIS Ⅲ原型板器件名称

编号	器件名称	编号	器件名称	编号	器件名称
①	模拟输入	④	数字 I/O	⑦	中央面包板区
②	模拟输出	⑤	用户外围设备	⑧	电源指示灯
③	固定用户电源	⑥	数字地		

1.3　NI ELVIS Ⅲ 软件体系

NI ELVIS Ⅲ为访问和控制硬件提供了多种软件选项。可以使用软件前面板(Software Front Panel,SFP)交互访问仪器,从浏览器中的 Measurements Live 应用程序启动该面板。仪表 I/O 和控制 I/O 都可以通过运行在嵌入式处理器上的 LabVIEW RT 应用程序进行编程访问。平台提供底层接口访问 I/O,控制 I/O 也可以通过运行在嵌入式 FPGA 上的 LabVIEW FPGA 应用程序进行编程访问。大多数应用程序板都带有附加软件,通常以 LabVIEW VI 或应用程序的形式提供。另外,用户可以与其他应用程序(如 Multisim Live)交换数据。NI ELVIS Ⅲ的软件包包括访问和控制硬件所需的主要软件,如 LabVIEW ELVIS Ⅲ 工具包、Multisim Live 和 Multisim。软件包还包括 LabVIEW FPGA 模块,它提供用于创建自定义 FPGA 应用程序的 FPGA VI 功能。下面介绍 NI ELVIS Ⅲ 软件体系的重要组件及其特色。

(1) 软件前面板。使用软件前面板快速访问和控制 NI ELVIS Ⅲ上的仪器,无须编程。每个软件前面板对应一个具有 7 个软件前面板的仪器:示波器、函数和任意波形发生器、数字万用表、可变电源、Bode 分析仪、IV 分析仪、逻辑分析仪和模式发生器。软件前面板有两种格式:桌面前面板和网络前面板。桌面前面板通过 Windows 和 Mac 的小型可执行文件安装,在仪器启动器中选择后启动。网络前面板则无须在新的浏览器窗口中安装和启动。

(2) Multisim Live。Multisim Live 提供基于网络的原理图捕获和模拟体验。用户可以使用 Multisim Live 完成的任务包括:测试电路的行为、演示设计的应用、讲解相关概念、在计算机或移动设备上的 Web 浏览器中执行和共享交互式模拟、将可模拟的 Multisim Live 设计直接嵌入课件页面。NI ELVIS Ⅲ软件前面板可以打开参考通道,因此可以导入其他外部数据。Multisim Live 还可以与广泛使用的电路仿真软件 Multisim 连接,将 Multisim 仿真实验的结果与 NI ELVIS Ⅲ 硬件平台获得的结果相对比后,可以发现两种结果的差异。图 1-6 展示了在 NI ELVIS Ⅲ 上的对比结果,图中的曲线分别来自软件模拟和硬件平台测试。

(3) Multisim。Multisim 是一种专门用于电路仿真和设计的软件,该软件基于 PC 平台,采用图形操作界面虚拟仿真了一个与实际情况非常相似的虚拟工作台,几乎可以完成

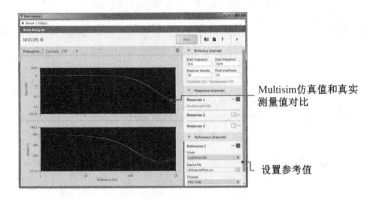

Multisim仿真值和真实测量值对比

设置参考值

图 1-6　Multisim Live 和 Multisim 的软件交互

在实验室进行的任何电子电路实验。使用 Multisim 可完成的任务包括：测试电路行为、演示设计应用和说明概念。此外，Multisim 还可以将设计导出至 Ultibard，实现快速制作电路原型。

（4）C 语言和 Python 编程。NI ELVIS Ⅲ 在 GitHub 上提供了 C 语言和 Python 的编程 API，可以与多种开发选项（如 LabVIEW、Python 和 C）配合使用。该 API 可以从仪器自动测量，并通过控制 I/O 以编程方式获取、分析和控制数据。NI ELVIS Ⅲ 上实现的实时操作系统具有 60 多个可定制的模拟和数字输入或输出接口，这些接口一般用于需要快速响应脉冲或更高信道计数的课程，例如数据采集或数字通信。

1.4　教学应用

NI ELVIS Ⅲ 用于模拟电子、机电一体化、电力电子、测量、仪表、数字通信、数字电子、控制等方面的动手实验室。学生通过模拟、实验和开放式活动等方式，将课上所学理论知识用于实验，以此培养学生的创新能力。模拟实验室提供安全、深入的实验体验，为学生打造良好的实验环境。下面列举 NI ELVIS Ⅲ 的教学应用特色。

（1）仪表与嵌入式设计相结合的教学创新。在学生开展相关创新设计项目时，经常要使用一些以前没有用过的新设备。当代教育鼓励学生通过理论、模拟与实验相结合的方式来学习新知识，通过引入各种新项目，可以更好地锻炼学生的创新能力。学生在完成项目的过程中，除了需要了解基本概念、应用规范和设备性质外，还需要学习应对现实工程中各种难以预测的外部因素。为了培养学生的这些工程能力，要求实验室提供的仪器应足够精确，并且能很好地控制系统输入的类型和行为，这样，学生才能更好地进行各种实验探索。NI ELVIS Ⅲ 提供了工程实验室解决方案，它将 7 种传统仪器与可自定义的 I/O 相结合，使得自由探索的各种实验变得简单高效。

（2）利用现代网络提高学习效率。NI ELVIS Ⅲ 通过一个网络界面与学生交互，该界面可促进协作，缩短测量时间，并与教学及学习资源相集成，从而为学生的学习提供充分的支持。NI ELVIS Ⅲ 上的 7 个仪器都可以通过 Windows 和 Mac 的最小安装进行访问。这让所有学生都可以通过 USB、以太网或 Wi-Fi 访问自己电脑上的仪器。当学生完成实验时，可以使用 NI ELVIS Ⅲ 快捷地整理并上传实验报告，以减少不必要的工作量。

（3）轻松协调实验，促进团队合作。学校注重学生团队合作能力的培养，NI ELVIS Ⅲ 提供了很好的协作平台。由于 NI ELVIS Ⅲ 是一个与网络互联的设备，可以通过多用户访问来实现实验协作。通过无线连接，学生可以同时访问平台的各个仪器，并且能够独立编程控制 I/O。这意味着，在一组学生中，每个人都可以与 NI ELVIS Ⅲ 交互以执行部分实验，因此，每个人可以都参与到一个大的协作实验中。此外，通过 NI ELVIS Ⅲ 远程访问，助教可以远程登录到各个设备，从而直接评估学生的实验情况，而不再需要与学生逐一见面。NI ELVIS Ⅲ 消除了合作障碍，使学生在实验室的工作变得更加高效。

（4）丰富的课堂实验。随着 NI ELVIS Ⅲ 的生态系统不断扩展，其涵盖了从电气工程、机械工程、电力电子实验到机电一体化等的一系列课程。美国国家仪器有限公司（Nationnal Instruments，简称 NI）与德州仪器、Digilent、Emona 和 Quanser 等工程教育领域领先的公司合作，为电子、控制、机电和通信提供了完整的实验室解决方案。应用程序板不仅可以方便地访问完成工程实验所需的硬件，还可以访问实验室提供的练习程序，学生可以根据自己的兴趣特长，选择相关内容进行学习。

2

Multisim 仿真工具应用

2.1 Multisim 简介

当线下实验因为各种原因难以进行时,可以使用 Multisim 软件完成相关实验,本书中介绍的所有实验均可用 Multisim 仿真完成。在日常学习中,学生们也可以自主探索学习 Multisim,从而方便快捷地进行虚拟实验而不用担心器件损坏等问题。使用 Multisim 有利于学生全面巩固所学的理论知识,提升知识理解应用能力。下面对 Multisim 进行介绍,以便学生能快速掌握。

Multisim 是美国国家仪器有限公司(NI)推出基于 Windows 操作系统的仿真工具,适用于板级的模拟/数字电路板的设计工作。它包含了电路原理图的图形输入、电路硬件描述语言输入方式,具有丰富的仿真分析能力。Multisim 提炼了 SPICE 仿真的复杂内容,这样,工程师无须懂得深入的 SPICE 技术就可以很快地进行捕获、仿真和分析新的设计,这也使其更适合电子学教育。

Multisim 的安装比较简单,在网络上下载相关的软件包,使用默认安装即可,用户也可以根据自己的需求安装,此处不予展开。本课程使用的软件版本为 Multisim 14.2,其他版本的 Multisim 功能与之类似,读者可以此作为参考。安装完成后,双击软件图标打开软件,可以看到如图 2-1 所示的软件主界面,主界面的菜单和工具条的功能描述如表 2-1 所列。

表 2-1　Multisim 主界面介绍

编号	名称	功能描述
①	菜单栏	包含所有功能
②	器件工具条	包含从 Multisim 数据库寻找放在草图上的元器件按钮
③	标准工具条	包含常用的常规功能,例如文件的保存、剪切、打印等
④	主工具条	包含常见的 Multisim 功能按键
⑤	探针工具条	包含设计中用到的不同类型的探针功能按钮,也可进行探针设置
⑥	In-Use 列表	包含当前使用到的所有元器件列表
⑦	仿真工具条	包含开始、停止和暂停仿真的按钮
⑧	工作区	进行设计的区域
⑨	视图工具条	包含修改屏幕显示的按钮
⑩	仪器工具条	包含仪器

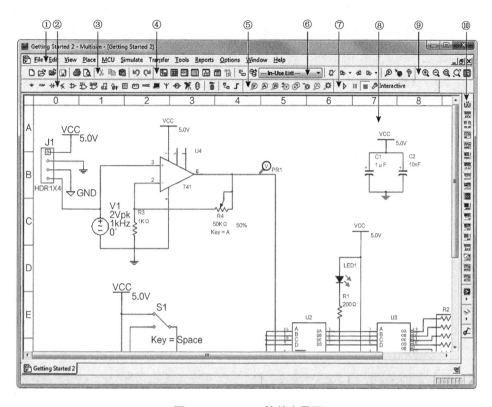

图 2-1 Multisim 软件主界面

2.2 Multisim 应用案例

2.2.1 基础操作

首先介绍如何绘制一个简单的电路图,该电路图在后续实验中也会被用到。以测量 74HC00 的输出电压为例,搭建如图 2-2 所示的仿真电路,具体步骤如下。

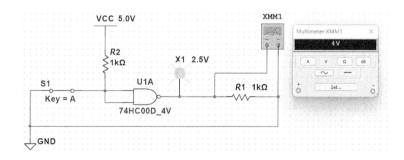

图 2-2 仿真电路示例

(1) 放置与非门。如图 2-3 所示，点击①处的器件工具条的 CMOS，弹出器件对话框。在②处可以选择不同分组的器件。在③处可以看见器件列表，点击其中一个 74HC00 器件后，在④处能看到更详细的器件。选择合适的器件，点击⑤处的 OK，可能会弹出 A，B，C，D 4 个选项，选择其中的任意一个即可，然后点击工作区，即可放置器件。A，B，C 和 D 选项分别对应 74HC00 芯片 4 个独立的与非门，使用默认编号为 A 的门即可。放置器件后，会继续弹出器件选择窗口。

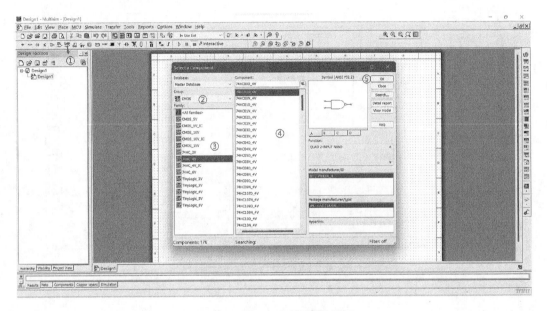

图 2-3　Multisim 选择器件界面

(2) 放置 VCC 和 GND。在图 2-3 的区域②处 Group 里选择 Sources，选择区域③处的 POWER_SOURCES，即可看到 DGND 和 VCC。如前述方法，将其放置在工作区。

(3) 放置开关。在图 2-3 的区域②处选择 Basic，在③处找到 SWITCH，在④处找到 DIPSW1。

(4) 放置电阻。在图 2-3 的区域②处选择 Basic，在③处找到 RESISTOR，在④处找到合适阻值的电阻，此处用到两个 1 kΩ 电阻。如果需要旋转器件，可以在工作区选中器件后按快捷键 Ctrl+R，或在器件上点击鼠标右键，找到旋转选项。

(5) 放置探针小灯。在图 2-3 的区域②处选择 Indicator，在③处选择 PROBE，在④处选择绿色探针 PROBE_GREEN，将其放置在工作区。

(6) 放置电压计。点击图 2-4 中的①处，即可得到仪表，将仪表放置在工作区。双击打开仪表界面，选择 V 代表电压表，选择横杠代表直流，点击下方可以进行仪表参数设置。

(7) 导线连接。将鼠标靠近工作区的元器件端点时，点击鼠标左键，移动鼠标即可进行连线，到目标点后再次点击鼠标左键，即可完成连线。

［注：如果界面中没有右侧工具栏，可在图 2-1 的菜单栏①区域点击右键，勾选

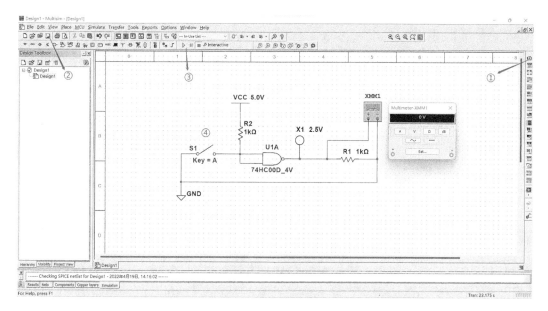

图 2-4　Multisim 选择仪表和仿真界面

Instruments(器件)选项即可。]

　　(8) 仿真。点击图 2-4 中②处保存文件,点击③处的按钮,即可开始仿真。点击④处按键,即可控制电路导通或关闭。仿真电路效果如图 2-2 所示。

2.2.2　Multisim 信号发生器和示波器

　　信号发生器又称信号源或振荡器,是一种能提供各种频率、波形和电平的信号输出设备,在生产实践和科技领域中有着广泛应用。在测量各种电信系统或电信设备的振幅特性、频率特性、传输特性及其他电参数时,或在测量元器件的特性与参数过程中,信号发生器被用作测试的信号源或激励源。信号发生器能够产生多种波形的信号,常见的波形有三角波、锯齿波、矩形波和正弦波等。

　　信号发生器用于产生信号,示波器则用于观测信号,如图 2-5 所示。示波器是一种用途十分广泛的电子测量仪器。它能把电信号变换成可观察的图像,以便人们研究各种电信号的变化过程。人们利用示波器能观察各种不同信号幅度随时间变化的波形曲线,还可以用它测试各种不同的电量,如电压、电流、频率、相位差、调幅度等。因此,掌握示波器的使用十分必要。市场上有多种多样的信号发生器和示波器,在 Multisim 的仿真中也有多种信号发生器和示波器,它们的使用方法大同小异。此处介绍典型的示波器使用方法,步骤如下。

　　(1) 放置器件。点击图 2-5 中①处的 Function generator 和②处的 Oscilloscope,即可分别得到信号发生器和示波器。

　　(2) 连线。如图 2-5 所示,信号发生器有"＋""COM"和"－"三个引脚。此处选择

11

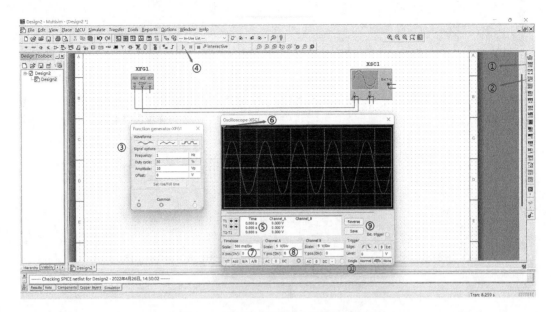

图 2-5 Multisim 信号发生器与示波器

"+"和"COM"引脚,如果使用"+"和"-",电压幅值会变为原来的两倍。示波器有 A,B 两个输入通道,选择其中一个即可,此处选择 A 通道。

(3) 输入信号调整。双击信号发生器,即可修改相应的参数。图中可选正弦波、三角波和矩形波。对每种波形,可以设置频率、占空比、幅值和相位偏置等。

(4) 仿真。点击图 2-5 中④处的仿真按钮开始仿真。

(5) 示波器使用。双击示波器界面打开图标。图 2-5 中⑤处为 T1 和 T2 两个观测时刻的测量值及差值(T2-T1),通过在⑥处拖拽倒三角可以移动观测时刻。⑦处的 Scale 可调节横向每个网格所代表的时间,X pos 可以调节水平偏置。⑧处可调节纵向每个网格所代表的数值。⑨处 Reverse 按钮可将界面反色,Save 按钮可保存采样数据,用于重新绘图。在使用过程中,如果波形不断闪烁影响观测,可点击⑩处的 Single 按钮。

2.2.3 Multisim 逻辑转换器

在电路设计中,常常需要计算逻辑门电路的逻辑表达式,或对逻辑表达式进行化简,或将逻辑表达式转换成相应的门电路。Multisim 提供了一个简单的 Logic converter 工具,可以方便地完成这些功能。以图 2-6 所示的电路为例,图中采用 4 个 74HC00 与非门构建简单的电路,计算并化简逻辑表达式。其步骤如下。

(1) 放置逻辑转换器。在图 2-6 中①处点击 Logic converter,得到如②处的逻辑转换器。该器件下端有 9 个接口,前 8 个接逻辑输入,最后一个接逻辑输出。

(2) 放置与非逻辑门。从 CMOS 器件中选择一个 74HC00 芯片,使用其 A,B,C,D 4 个逻辑门,完成连线。

（3）编辑逻辑转换器。双击图 2-6 中②处的逻辑转换器,弹出如③处的编辑框。在③处依次点击前 4 个斜方块,可以看到其颜色变浅。

（4）逻辑转换与化简。点击图 2-6 中④处的逻辑转换器,在⑦处可以看到输出的结果。点击⑤处的按钮,在⑧处可以看到化简的逻辑表达式。点击⑥处的按钮,在⑧处会显示化简的结果。

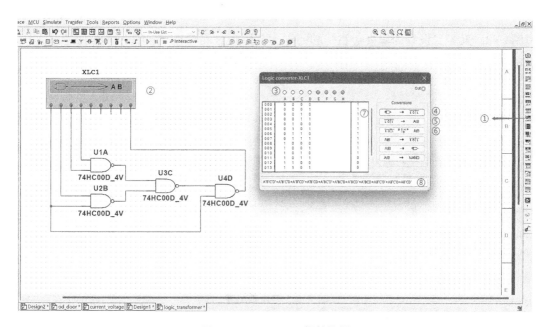

图 2-6　Multisim 逻辑转换器

Multisim 仿真实验示例电路如图 2-7 所示,为了方便起见,图中将 LED 灯的电阻省略。图 2-7 中有 1 组包含了 8 个二极管的 LED 器件,因此可以不用逐个放置 LED 灯。从图 2-7 可以看到,该 LED 器件的左上角有一字母 A,表明该端为阳极。图 2-7 中 74HC138 译码器的 A,B,C 均接高电平,对应输出 Y7 有效,因此对应的 LED 发光。

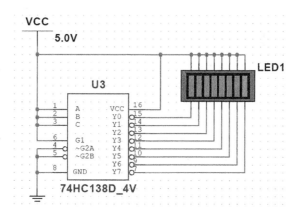

图 2-7　Multisim 中 74HC138 使用示例

2.2.4 七段数码管

七段数码管一般由 8 个发光二极管组成,其中 7 个细长的发光二极管组成数字显示,另外一个圆形的发光二极管显示小数点(部分数码管无小数点)。当发光二极管导通时,相应的一个点或一个笔画发光。通过控制相应的二极管导通,就能显示出各种字符。如图 2-8 所示,例如需要显示数字 3,则发光二极管 a、b、c、d 和 g 点亮即可,具体连线可以参考图 2-9。发光二极管的阳极连在一起的称为共阳极数码管;阴极连在一起的称为共阴极数码管。

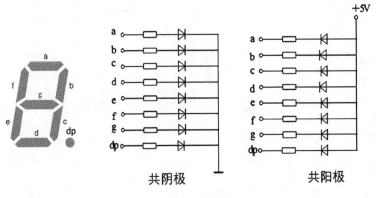

图 2-8 七段数码管

上述数码管每个发光二极管单独用一个引脚控制,另外一种常见的是直接将数字编码再进行显示。例如,使用 8421 BCD 码进行显示的数码管。该数码管有 4 个引脚,表示数字 3 时,需要将两个低位引脚接高电平,其他 2 个引脚接低电平。图 2-9 中,右边数码管为 Multisim 中的 BCD 数码管显示数字 3 的接线方式。

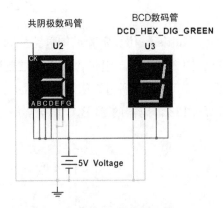

图 2-9 共阴极数码管和 BCD 数码管使用示例

为方便起见,给出所用的各个器件所在路径。

(1) 74HC138:(Database name:Master Database)→(Family Group:CMOS)→(Family:74HC_4V_IC)→(Name:74HC138D_4V)。

(2)数码管:(Database name:Master Database)→(Family Group:Indicators)→(Family:HEX_DISPLAY)→(Name:DCD_HEX_DIG_GREEN 或 SEVEN_SEG_COM_K)。

(3) 74HC148 或 74HC283:(Database name:Master Database)→(Family Group:

CMOS) → (Family：74HC_4V) → (Name：74HC147N_4V 或 74HC283N_4V)。

2.2.5　JK 触发器

JK 触发器相关介绍见本书"实验三　常用时序逻辑电路"。Multisim 测试电路如图 2-10 所示，将 S1，S3 拨向高电平，在拨动 S2 实现脉冲输入时，可以发现两个指示灯亮灭均反转。当然也可以使用信号发生器来实现脉冲输入，同时使用指示灯或示波器观察输出端波形，其连线如图 2-11 所示，为了便于观察两个通道的输入，将 B 通道的电压在纵轴方向平移，使两个信号区分开。

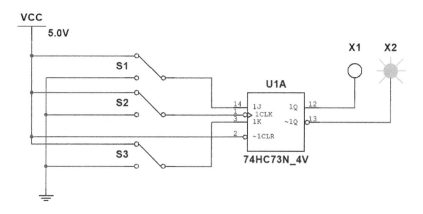

图 2-10　JK 触发器电路示例

为方便起见，给出所用的各个器件所在路径。

（1）单刀双掷开关：Database name：Master Database → Family Group：Basic → Family：SWITCH → Name：SPDT。

（2）74HC73 JK 触发器：Database name：Master Database → Family Group：CMOS → Family：74HC_4V → Name：74HC73N_4V。

（3）VCC 和 GROUND：Database name：Master Database → Family Group：Sources。

（4）指示灯：Database name：Master Database → Family Group：Indicators → Family：PROBE → Name：PROBE_BLUE。

（5）数字时钟：Database name：Master Database → Family Group：Sources → Family：DIGITAL_SOURCES → Name：DIGITAL_CLOCK。

（6）示波器：右侧工具条中的 Oscilloscope。

（7）74HC194 移位寄存器：Database name：Master Database → Family Group：CMOS → Family：74HC_4V → Name：74HC194N_4V。

（8）74HC160A 加法计数器：Database name：Master Database → Family Group：CMOS → Family：74HC_4V → Name：74HC160A_4V。

15

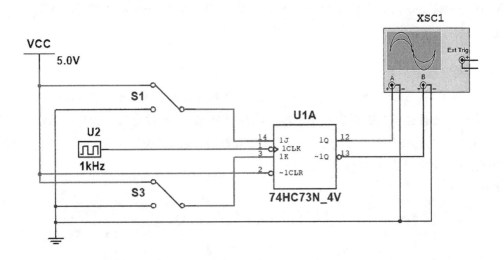

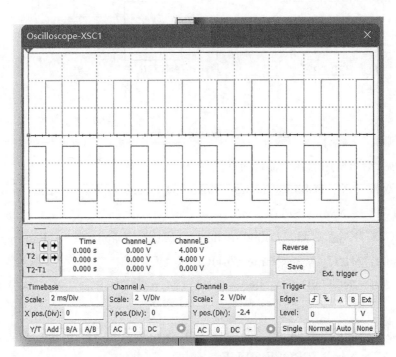

图 2-11　使用示波器观察 JK 触发器

2.2.6　晶体振荡器实验

Multisim 中晶振实验的示例电路如图 2-12 所示,通过示波器观察产生的方波。Multisim 提供了多种可选的晶振,如 HC-49/U 系列有 1.5/3/5/7/11/15/25/40/80 MHz 等频率,HC-49/US 系列有 5/7/11/15/25/40 MHz 等频率,石英晶体包括 R145/R26/R38 等系列。用户也可以自定义元件,以获得其他频率的晶振。

为方便起见,给出所用的各个器件所在路径。

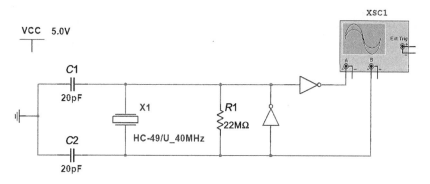

图 2-12 晶振实验电路示例

（1）555 定时器：Database name：Master Database → Family Group：Mixed → Family：MIXED_VIRTUAL → Name：555_VIRTUAL。

（2）晶振：Database name：Master Database → Family Group：Misc → Family：CRYSTAL → Name：HC-49/U_40MHz。

2.2.7 竞争冒险线路

关于竞争冒险相关介绍详见本书"实验五 组合逻辑中的冒险现象"，此处给出使用 Multisim 仿真时所需的仿真电路，方便在线上实验或自学时使用。图 2-13—图 2-15 分别展示了"1"型竞争冒险的仿真电路、"0"型竞争冒险的仿真电路和组合逻辑电路竞争冒险实验电路。

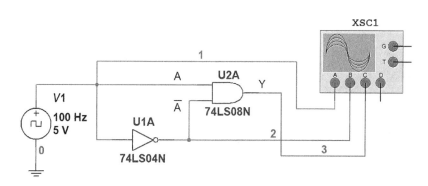

图 2-13 "1"型竞争冒险的仿真电路

2.2.8 模数转换电路

在模数转换电路中，引入相关模拟信号产生设备，然后通过模拟数字转换器（Analog to Digital Converter，ADC）芯片将模拟信号转换成数字信号，使用小灯或其他指示器件显示转换结果。关于模数转换的原理等见本书"实验七 模数转换电路"，图 2-16 给出模数转换实验电路。

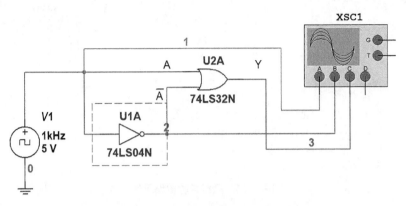

图 2-14   "0"型竞争冒险的仿真电路

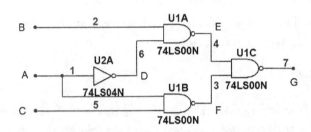

图 2-15   组合逻辑电路竞争冒险实验电路

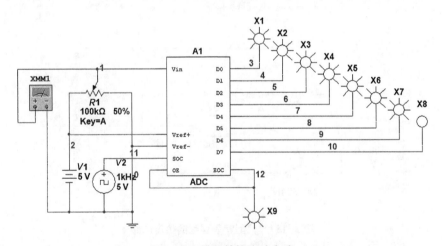

图 2-16   模数转换实验电路

3

实验一　集成门电路基本功能测试

3.1　实验目的

(1) 熟悉 NI ELVIS Ⅲ 实验平台。

(2) 认识非门、与非门、OD 门、传输门和三态门电路。

(3) 熟悉常用的 CMOS 集成逻辑门电路的基本逻辑功能及使用方法。

(4) 了解 OD 门的输出电压与负载之间的关系。（选做）

3.2　实验工具

(1) 硬件平台：NI ELVIS Ⅲ 实验平台。

(2) 电阻（包含 1 个 10 kΩ 电阻，1 个 1 kΩ 电阻）、导线若干。

(3) 集成电路：本实验涉及的集成电路如表 3-1 所列。

表 3-1　实验涉及的集成电路

集成电路型号	集成电路功能	数量/片
74HC00	四二输入与非门	1
74HC03	OD 输出与非门	1
74HC04	六反相器	1
CD4051	模拟开关（传输门）	1
74HC125	三态门	1

3.3　实验原理

用以实现基本逻辑运算和复合逻辑运算的单元电路称为门电路（Gate Circuit）或逻辑门（Logic Gate）。门电路是数字集成电路中最基本的逻辑单元。常用的门电路在逻辑功能上有与门、或门、非门、与非门、或非门、与或非门、异或门等几种。由于任何复杂的逻辑运算都可以用门电路的基本逻辑运算组合而成，因此，熟练、灵活地使用逻辑门是数字电子技术实验最基本的要求之一。

鉴于门电路中采用的开关器件不同,常见的门电路可分为两类:采用 MOS 管作为开关器件的 CMOS 门电路和采用双极型三极管作为开关器件的 TTL 门电路。由于 CMOS 电路具有功耗低、适于制作大规模集成电路等优点,因此,CMOS 电路逐渐取代了 TTL 电路,成为数字集成电路的主流产品。本实验使用的集成电路全部采用 CMOS 电路。为实现较复杂的逻辑功能,在单一逻辑门集成电路芯片中,通常集成多个逻辑门电路,以本实验中使用到的 74HC04 反相器集成电路为例,该芯片中就集成了 6 个反相器。在实验过程中,对于未使用逻辑门的输入端通常采取接地处理。

封装形式是指安装半导体集成电路芯片所采用的外壳,封装形式主要分为双列直插式封装(Dual In-line Package, DIP)和贴片封装(Surface Mounted Devices, SMD)两种,其中 SMD 封装还包括 SOP、SOJ 和 LCCC 等封装形式,部分封装形式如图 3-1 所示。为了便于实验教学中集成电路的使用及更换,实验所用的集成电路均采用 DIP 封装形式。

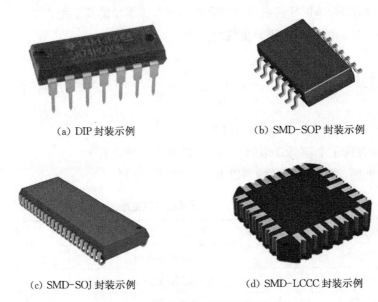

(a) DIP 封装示例　　　　　　　　(b) SMD-SOP 封装示例

(c) SMD-SOJ 封装示例　　　　　　(d) SMD-LCCC 封装示例

图 3-1　集成电路的不同封装形式

3.3.1　基本逻辑门实验

实验采用的 CD4051 集成电路为最早投放市场的 CMOS 集成电路产品,具有工作电压范围宽、传输延迟时间长、带负载能力弱等特点。实验采用的 74HC 系列集成电路,其中"74"表示集成电路的工作温度范围,74 系列芯片的工作温度范围是 0～70℃,通常用于民用领域,"HC"代表高速 CMOS 逻辑系列,具有传输延迟时间短、带负载能力强等特点。

如前所述,实验所使用的集成电路均采用 DIP 封装形式,即双列直插封装,其引脚排列规则如图 3-2(a)所示。其引脚命名规则为:将集成电路的缺口处朝上,左上角或小圆点标记处的引脚为 1 号引脚,从左上角开始,按照逆时针顺序,依次为 1 号引脚、2 号引脚……直到右上角的最后一个引脚。在标准集成逻辑门电路中,电源引脚 VCC 一般位于右上角,即芯片的最后一个引脚,接地端 GND 一般位于左下角。以 74HC00 为例,如图 3-2(a)所示,该集成电路共有 14 个引脚,其中 14 号引脚为 VCC,7 号引脚为 GND。

1. 74HC00(四二输入与非门)

图 3-2 所示为 74HC00 芯片的引脚配置、逻辑结构及单个门电路的内部结构。其中,nA、nB 和 nY($n=1$, 2, 3, 4)分别表示与非门的两个输入端和一个输出端,图 3-2(b)描述了芯片内部 4 个与非门的连线,在实际生产的 74HC 系列 CMOS 电路中均采用带缓冲级的结构,就是在门电路的每个输入端、输出端各增设一级反相器,如图 3-2(c)所示。

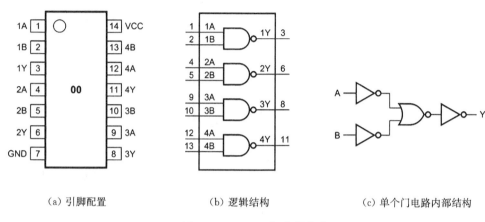

　(a) 引脚配置　　　　　(b) 逻辑结构　　　　　(c) 单个门电路内部结构

图 3-2　74HC00 与非门电路

2. 74HC04(六反相器)

反相器即为逻辑门中的非门。图 3-3 所示为 74HC04 芯片的引脚配置、逻辑结构和单个门的内部结构。74HC04 中 nA 为输入端,nY 为输出端($n=1$, 2, …, 6),6 个反相器均独立工作,如图 3-3(b)所示。

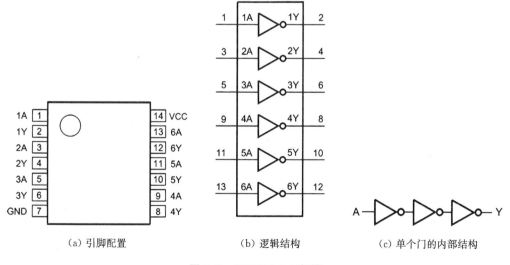

　(a) 引脚配置　　　　　(b) 逻辑结构　　　　　(c) 单个门的内部结构

图 3-3　74HC04 六反相器

3. OD 门"线与"逻辑

漏极开路(Open Drain, OD)是指 CMOS 门电路的输出只有 NMOS 管,并且它的漏极是开路的。当使用 OD 门时,漏极通过上拉电阻与电源相连。OD 门常用的功能有三个:其一为实现"线与"逻辑,简化硬件电路;其二为实现电平转换;其三为驱动大电流负载。本实验主要学习"线与"功能。"线与"就是将两个或两个以上 OD 门电路的输出端连接在一起,只有当各个 OD 门的输出均为高电平时,连接后的输出端才呈现高电平,否则呈现低电平。

如图 3-4 所示,74HC03 有 4 个独立的与非门,各个与非门的输入和输出端分别为 nA、nB 和 nY ($n=1$, 2, 3, 4),其输出端 nY 为 OD 门。实验电路如图 3-5 所示,取 74HC03 中的两个与非门进行实验,其输出端 VOUT 通过上拉电阻与电源相连接。

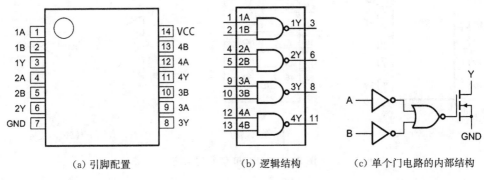

(a) 引脚配置   (b) 逻辑结构   (c) 单个门电路的内部结构

图 3-4   74HC03 与非门电路

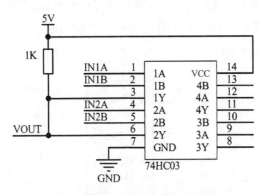

图 3-5   OD 门"线与"逻辑实验电路

4. OD 门上拉电阻实验

OD 门中必须加上拉电阻,通过实验观察上拉电阻的阻值对输出端电压的影响。实验电路如图 3-6 所示,改变上拉电阻 R_L 的阻值,测量与非门的输出电压,并观察 LED 灯的亮灭情况,记录实验结果。

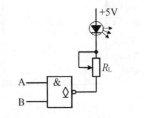

图 3-6   OD 门上拉电阻实验

5. 传输门传输模拟信号实验

利用 P 沟道 MOS 管和 N 沟道 MOS 管的互补性可以获得 CMOS 传输门。利用 CMOS 传输门和 CMOS 反相器可以组成各种复杂的逻辑电路,例如数据选择器、寄存器、计数器和触发器等。传输门的另一个重要用途是作为模拟开关。模拟开关可用来传输连续变化的模拟电压信号,这一点是一般的逻辑门无法实现的。传输门的实验电路采用 CD4051B 芯片,其引脚配置和逻辑结构如图 3-7 所示,该芯片有 8 个独立的通道,通过配置 A,B,C 引脚选定特定通道。具体而言,CBA 三个二进制数对应的值即为选定的通道,例如 CBA=100,则选定通道 4(Ch4)。VEE 为负电压输入端,当需要控制负电压的输入输出时,可将 VEE 引脚接负电压;否则,直接将 VEE 接地即可。INH 相当于一个常闭开关,当 INH=0 时,开关闭合,能正常选择通道;当 INH=1 时,不论 A,B,C 处于什么状态,都不选择任何通道。

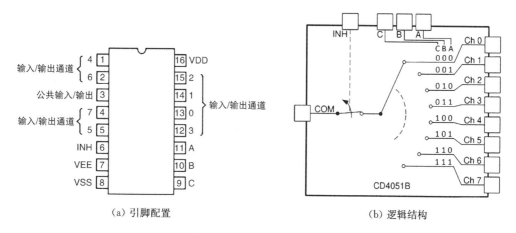

（a）引脚配置   （b）逻辑结构

图 3-7　CD4051B 多路开关

6. 三态门数据双向传输实验

三态输出门电路的输出除了高、低这两个状态外,还有第三个状态——高阻态。因为这种电路结构总是接在集成电路的输出端,所以也将这种电路称为输出缓冲器。可以把高阻态理解为电阻很大的状态,其典型应用为总线连接的结构。在总线中,当设备和总线断开时,可以认为总线和设备之间有一个无穷大的电阻;当设备和总线之间电阻很大时,对总线来说,相当于设备已断开。使用总线时,同一时刻只能有一个设备占用总线来传输数据,设备不占用总线时呈高阻态,释放总线使用权,以便其他设备可以获得总线的使用权。在三态门电路中,通常有一个控制端 EN 来控制门电路是否呈高阻态。

三态门数据双向传输实验采用 74HC125 芯片。该芯片有 4 个独立的三态门,输入端为 nA,输出端为 nY,控制端为 $n\overline{\text{OE}}$(n=1, 2, 3, 4),如图 3-8 所示。该实验电路的逻辑图如图 3-9 所示,其中 IN 为输入端,对总线写入数据;OUT 为输出端,从总线读取数据,EN 为控制端,通过选择特定的逻辑门来控制数据传输方向。

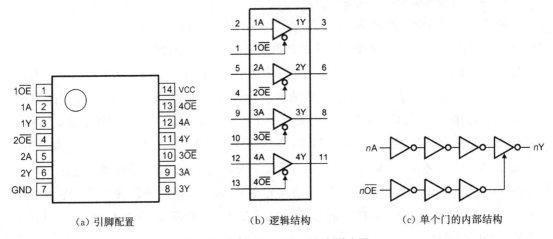

(a) 引脚配置　　　　　　　(b) 逻辑结构　　　　　　(c) 单个门的内部结构

图 3-8　74HC125 三态门输出缓冲器

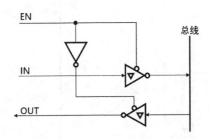

图 3-9　三态门数据双向传输实验电路逻辑图

3.3.2　OD 门负载实验(选做)

　　OD 门实现"线与"逻辑时需要外接电阻 R_L，该电阻的阻值会影响系统的带负载能力。当外接电阻 R_L 的阻值选定后，系统的最大负载能力也随之确定。图 3-10 中 OD 门的漏极通过上拉电阻 R_L 连接电源 VCC，此时，VCC 的电平不一定为 5 V，而是根据负载所需电压来确定。74HC00 的与非门作为负载，其输出端可以连接电阻或 LED 等。实验中改变负载(74HC00 的与非门)数量，测量负载输入端(OD 门输出)的电压值。

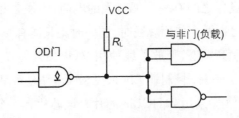

图 3-10　OD 门负载实验逻辑图

3.4　课前预习

（1）熟悉实验所用的集成电路的功能、外部引脚排列。

（2）学习实验原理，完成实验中相关实验草图的绘制。

（3）收集本实验所涉及的集成门电路数据手册（datasheet）。

3.5　注意事项

（1）使用芯片前断开电源，安装时注意芯片的引脚方向。

（2）万用表或其他元器件连线时，注意元器件的正、负极。

（3）注意各元器件的供电电压，芯片的供电电压一般为 5 V。

3.6　实验内容和步骤

1. 常见的逻辑门功能测试

以 74HC00 与非门芯片为例说明芯片连接。74HC00 有 4 个二输入的与非门，实验中，任意选用一个与非门即可。以与非门 2 为例，实验电路图如图 3-11 所示，其中，VCC 接 5 V 电源，GND 接地（即 0 V），2A、2B 分别连接电压输入端口 IN1 和 IN2。万用表调节到直流电压测量挡位，正极连接 2Y，负极连接 GND。电路中 LED 的负极与输出端 2Y 相连，用于显示输出端的电压变化。在无特别说明的情况下，实验中涉及的 LED 的功能均类似于本例，即用于显示输出端的电压变化。

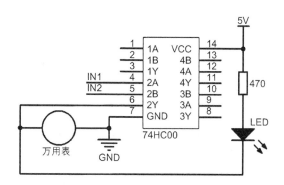

图 3-11　74HC00 连接原理

（1）使用 74HC00 四二输入与非门芯片的任一与非门，改变其输入端口 A 和 B 的逻辑电平状态，使用万用表测量其输入端和输出端的电压值，并观察输出端 LED 灯的亮灭状态，记录实验结果。

(2) 使用 74HC04 六反相器中的任一反相器,分别输入高电平和低电平,使用万用表测量输出端的电压值,并观察输出端 LED 灯的亮灭状态,记录实验结果。

(3) 使用 74HC03 OD 输出与非门,分别输入高电平和低电平,在输出端没有上拉电阻的情况下,使用万用表测量输出端的电压值,并观察输出端 LED 灯的亮灭状态,记录实验结果。

(4) 在步骤(3)的基础上,输出端增加 1 kΩ 上拉电阻,重复步骤(3)。

(5) 为使用 74HC03 的任意两个 OD 输出与非门,输出端使用一个 1 kΩ 的电阻接成"线与"形式,改变两个与非门的输入端电平,使用万用表测量总线 BUS 的"线与"电压值,并观察 LED 灯的亮灭状态,记录实验结果。

(6) 绘制电路草图。在 CD4051B 的 CH0—CH7 的 8 个通道中,任意选择 2 个通道,分别接入 $-5\sim0$ V 和 $0\sim5$ V 的电压值,改变 INH 的值,根据所选通道设置 A,B,C 的电平状态,测量并记录公共端 COM 的电压值。

(7) 使用 74HC125 和 74HC04 反相器,改变控制信号 EN 和输入信号 IN,使用万用表分别测量输出端 OUT 和总线的输出电压,画出电路草图并记录实验结果。

2. OD 门负载实验(选做)

(1) 给定外接电阻 $R_L=10$ kΩ,VCC=5 V,负载为 74HC00 的与非门。初始时,OD 门和负载的数量均为 1,依次增加负载的数量直至 4,分别测量"线与"电压值,记录实验结果。

(2) 计算"线与"电压的理论值,并与实验值进行比较,分析二者的差异及原因。

3.7　思考题

(1) 不同门电路输出端的电压值与期望值(0 V 或 5 V)一致吗? 如果不一致,试分析原因。

(2) 所提供的芯片的内部电路比"常规方法"复杂,例如反相器(非门)内部实际通过 3 个反相器串联,而不是直接使用 1 个反相器,其他门电路芯片类似。思考使用更复杂的方法实现逻辑功能的合理性。

(3) CD4051B 模拟开关,它的导通电阻有 100 多欧姆,如何避免信号通过模拟开关时,在导通电阻上产生压降,从而增大信号传输过程中的误差?

(4) 普通与非门为何不能像 OD 门一样用于"线与"逻辑? 请说明理由。OD 门的上拉电阻的阻值应该如何选择?

3.8　实验报告内容及要求

(1) 实验目的。

（2）实验设备。

（3）实验内容及步骤（包括测试采用的原理图、实际接线照片、数据表格、计算公式等）。

（4）实验分析与讨论。

（5）思考题（选做）。

实验原始数据记录

实验人员：

实验日期：

1. 常见的逻辑门功能测试

1）74HC00 集成电路

（1）绘制 74HC00 测试电路草图：

（注：草图应标明主要元器件以及使用到的引脚的连线，对无须连线的引脚，可以省略不画；引脚顺序也不必严格按照芯片引脚顺序；建议用铅笔绘制。）

（2）实验数据：

表 3-2　74HC00 测试数据

输入				输出		
A 电压值/V	A 逻辑值	B 电压值/V	B 逻辑值	电压值/V	LED 状态	逻辑值

2）74HC04 集成电路

（1）绘制 74HC04 测试电路草图：

（2）实验数据：

表 3-3　74HC04 测试数据

输入		输出		
电压值/V	逻辑值	电压值/V	LED 状态	逻辑值

3）74HC03 OD 门上拉电阻实验

（1）绘制 74HC03 OD 门上拉电阻实验测试电路草图：

（2）实验数据：

表 3-4　74HC03 OD 门上拉电阻实验测试数据

输入			输出		
R_L 阻值/Ω	A 逻辑值	B 逻辑值	电压值/V	LED 状态	逻辑值
	0	0			
	1	1			
	0	0			
	1	1			

4）74HC03 OD 门"线与"实验

（1）绘制 74HC03 OD 门"线与"实验测试电路草图：

（2）实验数据：

表 3-5　OD 门"线与"实验测试数据

输入				输出		
1A 逻辑值	1B 逻辑值	2A 逻辑值	2B 逻辑值	电压值/V	LED 状态	逻辑值
0	0	0	0			
0	0	1	1			
1	1	0	0			
1	1	1	1			

5）传输门模拟信号传输实验

（1）绘制传输门测试电路草图：

（2）实验数据：

表 3-6　传输门模拟信号传输实验测试数据

输入					输出
INH 逻辑值	A 逻辑值	B 逻辑值	C 逻辑值	输入电压/V	COM 电压值/V
0					
0					
0					
0					
1					
1					

6）三态门数据双向传输实验

（1）绘制三态门测试电路草图：

（2）实验数据：

表 3-7 三态门数据双向传输实验测试数据

输入			输出			
EN 逻辑值	IN 电压值	IN 逻辑值	总线电压值/V	总线逻辑值	OUT 电压值/V	OUT 逻辑值
0		0				
0		1				
1				0		
1				1		

2. OD 门负载实验(选做)

对于有 n 个 74HC00 与非门为负载的电路,计算负载输入端电压的理论值。其中,VCC$=5$ V,$R_L=10$ kΩ,74HC03 OD 门的漏电流忽略不计,74HC00 与非门输出高电平时最大负载电流为 $I_O=5.2$ mA。

（1）负载输入端电压理论值计算：

（2）实验数据：

表 3-8 OD 门负载实验测试数据

输入		输出		
74HC03 输出逻辑值	74HC00 数量 $n=$	负载输入端 电压理论值/V	负载输入端 电压测量值/V	负载输入端 电压逻辑值
0	1			
1	1			
1	2			
1	3			
1	4			

（3）理论值与实验值的差异分析：

4

实验二　常用组合逻辑电路

4.1　实验目的

(1) 熟悉编码器、译码器和加法器等组合逻辑电路的原理及功能。

(2) 掌握常用组合逻辑电路在实际应用中的接线方法。

(3) 掌握组合逻辑电路的设计方法。（选做）

4.2　实验工具

(1) 硬件平台：NI ELVIS Ⅲ。

(2) 电阻、导线和 LED 小灯若干。

(3) 集成电路。实验所用的集成电路如表 4-1 所列。

表 4-1　实验二所用的集成电路

集成电路型号	集成电路描述	数量/片
74HC138	三线-八线译码器	1
74HC148	八线-三线编码器	1
74HC283	四位全加器	1

4.3　实验原理

根据逻辑功能的不同特点，可以将数字电路分成组合逻辑电路和时序逻辑电路两大类。在组合逻辑电路中，任意时刻电路的输出仅取决于该时刻的输入，而与电路之前的状态无关。在时序逻辑电路中，任意时刻电路的输出不仅与该时刻的输入有关，还与输入时电路的状态有关。本次实验中主要学习组合逻辑电路。

常用的组合逻辑电路有编码器、译码器、数据选择器、加法器和数值比较器等。这些组合逻辑电路的基本组成单元也是与非门、反相器等逻辑门电路。在实际的集成电路应用中，主要关注整个逻辑电路输入输出之间的关系，而对电路内部逻辑门电路的连接适当了解即可。

1. 74HC138 译码器

把一些二进制代码所代表的特定含义"翻译"出来的过程叫作译码。实现译码这一功能的集成组合逻辑电路叫作译码器。常见的译码器可以分为：二进制译码器、二-十进制译码器、显示译码器。二进制译码器通常有 n 根信号输入线，可以输入 n 位二进制代码，在输出端有 2^n 根输出线，每个输出都与输入的一个二进制代码相对应。二-十进制译码器是将二进制代码译成 10 个代表十进制数字的信号。

74HC138 译码器是一种常见的二进制译码器，如图 4-1 所示，它可以将三路二进制加权的输入（A0，A1，A2）转换成 8 路独立的输出（$\overline{Y0}$—$\overline{Y7}$）。该芯片有三个使能输入端（$\overline{E1}$，$\overline{E2}$ 和 E3）。当不同时满足 $\overline{E1}=\overline{E2}=LOW$，$E3=HIGH$ 时，输出都是高电平。这样的多路使能控制是为了实现将两个 74HC138 集成电路芯片级联，从而组成一个 16 路输出的解码器。对于实验中的一些电路图，常常会看到某些小圆圈，这些小圆圈仅仅是为了更清楚地表明低电平有效，而并非参与运算的逻辑符号。

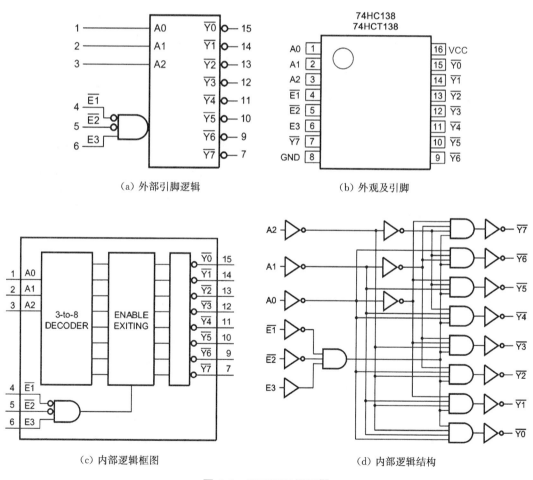

(a) 外部引脚逻辑　　　　　　　　(b) 外观及引脚

(c) 内部逻辑框图　　　　　　　　(d) 内部逻辑结构

图 4-1　74HC138 译码器

74HC138 集成电路的功能如表 4-2 所列。其中,"X"代表任意输入电平,"H"代表高电平,"L"代表低电平。

表 4-2   74HC138 功能

控制			输入			输出							
$\overline{E1}$	$\overline{E2}$	E3	A2	A1	A0	$\overline{Y7}$	$\overline{Y6}$	$\overline{Y5}$	$\overline{Y4}$	$\overline{Y3}$	$\overline{Y2}$	$\overline{Y1}$	$\overline{Y0}$
H	X	X											
X	H	X	X	X	X	H	H	H	H	H	H	H	H
X	X	H											
L	L	H	L	L	L	H	H	H	H	H	H	H	L
			L	L	H	H	H	H	H	H	H	L	H
			L	H	L	H	H	H	H	H	L	H	H
			L	H	H	H	H	H	H	L	H	H	H
			H	L	L	H	H	H	L	H	H	H	H
			H	L	H	H	H	L	H	H	H	H	H
			H	H	L	H	L	H	H	H	H	H	H
			H	H	H	L	H	H	H	H	H	H	H

实验中为了验证译码器的功能,实验内容为通过 3 路输入控制 8 个小灯。由于集成电路的驱动能力比较弱,当使用 LED 灯显示测量结果的时候,应使用外接上拉电阻的方式连接 LED 灯,LED 灯的工作电流一般在 20 mA 以内,因此,LED 灯需要与电阻串联才能接电源。在实际电路中,通常还会在芯片 VCC 端口附近接一小电容(如取 0.1 μF)进行滤波,实验中为了方便起见,略去该滤波电容。实验电路如图 4-2 所示,通过 S1,S2,S3 选择

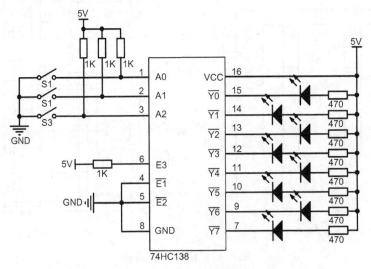

图 4-2   74HC138 实验电路

输出通道。当开关断开时,对应的 $An(n=1,2,3)$ 引脚被上拉到高电平。当开关闭合时,输入端接地,输入为低电平。右面的 8 个 LED 灯的正极连接 5 V 供电电压,当 $\overline{Yn}(n=0,1,\cdots,7)$ 输出为高电平时,LED 灯两端电势差一致,灯熄灭;当 $\overline{Yn}$ 引脚输出为低电平时,LED 灯两端有压差,电流流过 LED 灯使其发光。

2. 74HC148 优先编码器

编码器是将信号(如比特流)或数据进行编制,转换为可用以通信、传输和存储的信号形式的设备。普通编码器同一时刻只允许一路输入信号为有效电平;优先编码器在同一时刻允许多个输入变量为有效电平,而电路只对优先级别最高的信号进行编码。优先编码器常用于具有优先级的中断请求中。

74HC148 是一款典型的优先编码器,它将 8 路独立输入编码成 3 路输出(3 路权重为 4-2-1)。其引脚端口如图 4-3 所示,图中 $\overline{In}(n=0,1,\cdots,7)$ 为输入端,$\overline{A0}$,$\overline{A1}$,$\overline{A2}$ 为编码输出端。$\overline{EI}$ 是输入使能端,EO 是输出使能端,通过 $\overline{EI}$ 和 EO 可以实现 74HC148 的级联。GS 为片优先编码输出端,它在允许编码($\overline{EI}$=LOW)且有编码输入信号时为 LOW(如表 4-3 中第五行至第十一行);若允许编码而无编码输入信号时为 HIGH(如表 4-3 中第三行);在不允许编码($\overline{EI}$=HIGH)时,它也为 HIGH(如表 4-3 中第二行)。GS=LOW 表示"电路工作,而且有编码输入"。

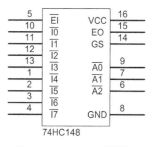

图 4-3 74HC148 引脚

74HC148 功能如表 4-3 所列,表中"L"代表低电平,"H"代表高电平,"X"代表任意电平(高电平或低电平)。

表 4-3 74HC148 功能

输入									输出				
$\overline{EI}$	$\overline{I0}$	$\overline{I1}$	$\overline{I2}$	$\overline{I3}$	$\overline{I4}$	$\overline{I5}$	$\overline{I6}$	$\overline{I7}$	$\overline{A2}$	$\overline{A1}$	$\overline{A0}$	GS	EO
H	X	X	X	X	X	X	X	X	H	H	H	H	H
L	H	H	H	H	H	H	H	H	H	H	H	H	L
L	X	X	X	X	X	X	X	L	L	L	L	L	H
L	X	X	X	X	X	X	L	H	L	L	H	L	H
L	X	X	X	X	X	L	H	H	L	H	L	L	H
L	X	X	X	X	L	H	H	H	L	H	H	L	H
L	X	X	X	L	H	H	H	H	H	L	L	L	H
L	X	X	L	H	H	H	H	H	H	L	H	L	H
L	X	L	H	H	H	H	H	H	H	H	L	L	H
L	L	H	H	H	H	H	H	H	H	H	H	L	H

3. 74HC283 加法器

一位全加器是用门电路实现两个二进制位相加并求出和的组合电路。一位全加器相加时把三个数相加,即两个 1 位的加数和一个独立输入的进位数。可以用多个一位全加器构成多位加法器,实现两个多位数的相加。常见的加法器除了全加器外,还有半加器,半加器相加时不考虑进位,因此,半加器只能实现两个 1 位二进制数的相加。半加器相加的结果中也能产生进位,只是半加器本身不处理进制值。

74HC283 是具有两个独立的 4 位加法器的集成电路,其引脚如图 4-4 所示。An 和 Bn 分别输入 4 位的加数,Sn 为相加的结果($n = 1, 2, 3, 4$)。CIN 为输入进位,COUT 为输出进位。在现代数据处理系统中,数据长度绝大多数是 8 位及以上。为了实现 8 位数字的相加,可以通过两个 4 位加法器级联,得到 8 位加法器。

由于加法器的对称性,运算中可以用正逻辑,也可以用负逻辑。正逻辑即高电平代表“1”,低电平代表“0”;负逻辑即高电平代表“0”,低电平代表“1”。下面以功能表进行说明,如表 4-4 所列,第 3 行为输入输出电平,其中“L”代表低电平,“H”代表高电平。如果使用正逻辑,则数据如表 4-4 中第 4 行所列,加法过程为:$0 + 10 + 9(0 + 1010 + 1001) = 19(10011)$。如果使用负逻辑,则数据如表 4-4 中第 5 行所列,加法过程为:$1 + 5 + 6(1 + 0101 + 0110) = 12(01100)$。可以看出,虽然两个表达的数不一样,但计算结果均正确。

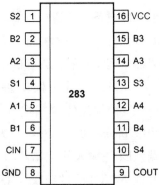

图 4-4 74HC283 加法器

表 4-4 74HC283 加法器功能

引脚	输入									输出				
	CIN	A4	A3	A2	A1	B4	B3	B2	B1	COUT	S4	S3	S2	S1
电平	L	H	L	H	L	H	L	L	H	H	L	L	H	H
正逻辑	0	1	0	1	0	1	0	0	1	1	0	0	1	1
负逻辑	1	0	1	0	1	0	1	1	0	0	1	1	0	0

4. 交通信号灯状态监视电路设计(选做)

交通信号灯由红(R)、黄(Y)、绿(G)三盏灯组成,同一时刻有且只有一盏灯点亮,若信号灯处于其他状态(如无灯点亮或两盏灯同时点亮)均认为是发生故障。试设计一个组合逻辑电路,实现自动监视交通信号灯状态。

该实验主要考查学生自主设计组合逻辑电路的分析设计能力。实验组合逻辑电路的设计方法如下:

(1) 分析设计要求并列出真值表。首先,根据给定的问题,弄清输入变量和输出变量,并规定它们的符号与逻辑取值(即规定它们何时取值 0,何时取值 1)。然后,通过分析输出变量与输入变量间的逻辑关系,列出满足逻辑要求的真值表。

（2）根据真值表用代数法或卡诺图法求最简逻辑表达式。

（3）根据步骤（2）中的最简逻辑表达式画出逻辑图,用相关器件实现逻辑电路。

（4）在完成以上电路理论设计的基础上,通过实验方法,根据逻辑命题要求进一步验证其正确性。如果实验结果不满足要求,应分析出错原因,必要时可考虑重新设计。

4.4　课前预习

（1）复习编码器、译码器和加法器的原理及功能。

（2）收集并阅读实验中用到的集成电路的数据表（datasheet）。

（3）绘制实验电路草图。

4.5　注意事项

（1）使用芯片前断开电源,安装时注意芯片的引脚方向。

（2）万用表或其他元器件连线时注意元器件的正、负极。

（3）注意各元器件的供电电压,芯片的供电电压一般为 5 V。

4.6　实验内容和步骤

（1）74HC138 译码器。参考图 4-2 绘制实验电路草图。根据所绘制的草图完成连线。改变 74HC138 的高低电平输入,记录 LED 灯的亮灭情况。由于大部分连线相同,故任意改变三次输入进行实验即可。

（2）74HC148 译码器。绘制实验电路草图,输出端接 LED 灯显示。根据绘制的草图完成连线。任意改变 $\overline{I0}$—$\overline{I7}$ 引脚的高低电平输入,测量并记录 $\overline{A0}$—$\overline{A2}$ 输出结果。

（3）74HC283 加法器。绘制实验电路草图。根据绘制的草图完成连线。任意改变 3 次电路中的 A1—A4 及 B1—B4 输入,分别测量并记录 S1—S4 以及进位 COUT 的值。

（4）交通信号灯状态监视电路设计。根据实验原理中的要求,首先写出电路设计思路,包括真值表及其化简等。然后,根据设计思路和所给器件,绘制实验电路草图。最后,进行实物实验,并记录实验结果。（选做）

4.7　思考题

（1）74HC283 加法器的进位输入引脚不使用时,应该如何处理?

（2）74HC148 中怎样应用优先编码,使实验中遍历所有可能输入编码时,线路改变次数(或开关拨动次数)最少?

4.8 实验报告内容及要求

(1) 实验目的。

(2) 实验设备。

(3) 实验内容及步骤(包括测试采用的原理图、实际接线照片、数据表格、计算公式等)。

(4) 实验分析与讨论。

(5) 思考题。(选做)

实验原始数据记录

实验人员：

实验日期：

1. 实验内容：74HC138 译码器

（1）绘制实验电路草图：

（2）实验数据：

表 4-5　**74HC138 译码器实验测试数据**

控制			输入			输出							
$\overline{E1}$	$\overline{E2}$	E3	A2	A1	A0	$\overline{Y7}$	$\overline{Y6}$	$\overline{Y5}$	$\overline{Y4}$	$\overline{Y3}$	$\overline{Y2}$	$\overline{Y1}$	$\overline{Y0}$
H	X	X											
L	L	H											

2. 实验内容：74HC148 编码器

（1）绘制实验电路草图：

（2）实验数据：

表 4-6　74HC148 译码器实验测试数据

输入									输出				
$\overline{EI}$	$\overline{I0}$	$\overline{I1}$	$\overline{I2}$	$\overline{I3}$	$\overline{I4}$	$\overline{I5}$	$\overline{I6}$	$\overline{I7}$	$\overline{A2}$	$\overline{A1}$	$\overline{A0}$	GS	EO
H													
L													
L													
L													
L													

3. 实验内容： 74HC283 加法器

（1）绘制实验电路草图：

（2）实验数据：

表 4-7　74HC283 加法器实验测试数据

输入		输出	
加数 1（例如 0101）	加数 2	和	进位 COUT

4. 实验内容： 交通信号灯状态监视电路设计（选做）

（1）设计思路（包括 01 代表的含义、真值表、逻辑表达式、化简结果等）：

（2）绘制实验电路草图：

（3）实验数据：

表4-8　交通信号灯状态监视电路设计

输入			输出	
R灯逻辑值	Y灯逻辑值	G灯逻辑值	逻辑值	是否报警

5

实验三　常用时序逻辑电路

5.1　实验目的

(1) 掌握 JK 触发器的使用方法以及将 JK 触发器用作 SR 触发器和 T 触发器的方法。

(2) 掌握常用的时序逻辑电路的原理及相应的集成电路的使用方法。

(3) 掌握时序逻辑电路的设计方法,能够使用触发器实现所需功能。(选做)

5.2　实验工具

(1) 硬件平台: NI ELVIS Ⅲ。

(2) 万用表一个,电阻、导线和 LED 灯各若干。

(3) 集成电路。实验所用的集成电路如表 5-1 所列。

表 5-1　实验三所用的集成电路

集成电路型号	集成电路描述	数量/片
74HC73	二 JK 触发器	1
74HC74	D 触发器	2
74HC194	4 位移位寄存器	1
74LS160A	10 进制加法计数器	1

5.3　实验原理

在实际应用的数字电路中,除了对各种数字信号进行算术运算和逻辑运算外,往往还需要将运算的中间数据和结果保存起来。数据的保存通过存储电路实现。根据存储数据的多少,将常见的存储电路分为寄存器和存储器。其中,寄存器只能存储一组数据,而存储器能保存大量数据。寄存器的存储单元为触发器,每个触发器具有输入端和输出端,能够与周围电路快速交换数据。本实验中主要介绍触发器和寄存器。

触发器是在锁存器的基础上发展而来的。与锁存器相比,触发器增加了一个触发信号输入端,只有当触发信号到来的时候,触发器才能完成置"0"或置"1"的操作。触发器有多种分类,例如根据触发方式,触发器可以分为电平触发、边沿触发和脉冲触发;按照逻辑功能,触发器可以分为 SR 触发器、JK 触发器、T 触发器和 D 触发器等。

寄存器由一组触发器构成,每个触发器能够存储一位二值代码,因此,一个寄存器能够寄存一组二值代码。移位寄存器除了拥有普通寄存器的存储代码功能外,还具有移位功能,即寄存器里存储的代码能在移位脉冲的作用下左移或右移。因此,移位寄存器也可用来实现数据的串行-并行转换、数值运算等功能。

计数器是在数字系统中广泛使用的数字电路,其主要应用于时序脉冲计数、分频、定时、脉冲产生以及数字运算等场景中。计数器的种类繁多,按照不同的划分标准,可以将计数器分为各种类别。例如,按照计数器的触发器是否同时翻转,可以分为同步式计数器(同时翻转)和异步式计数器(不同时翻转);按照计数过程中数字的增减,可以分为加法计数器、减法计数器和可逆计数器(也称为加/减计数器);按照计数容量,可以分为十进制计数器、六十进制计数器等,且不同进制的计数器集成电路通常可以通过一定的方式实现相互转换,在后续的实验中可以看到这一点。类似于寄存器,将一组触发器按照一定的方式组合,可以构成特定功能的计数器。

1. 74HC73 JK 触发器

根据逻辑功能的不同,触发器可以分为 JK 触发器、SR 触发器、T 触发器和 D 触发器等。在 JK、SR、T 三种触发器中,JK 触发器的逻辑功能最强,包含了 SR 触发器、T 触发器的所有逻辑功能,因此,后两者可用 JK 触发器取代,即把 JK 触发器的 J、K 端当作 S、R 端使用可实现 SR 触发器的功能,将 J、K 端连在一起当作 T 端使用可实现 T 触发器的功能。

74HC73 是双路负沿触发 JK 触发器,具有两个独立的触发器。图 5-1(b)描述了每个 JK 触发器的输入和输出,每个触发器具有单独的 JK 时钟($n\overline{\text{CP}}$)和复位($n\overline{\text{R}}$)输入以及 nQ 和 $n\overline{\text{Q}}$ 输出($n=1, 2$)。

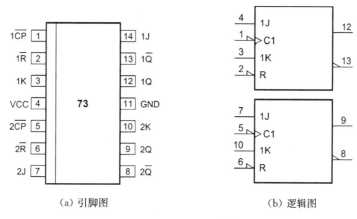

(a) 引脚图   (b) 逻辑图

图 5-1　74HC73 JK 触发器

74HC73 的功能如表 5-2 所列,其中,"L"代表低电平,"H"代表高电平,"X"代表任意电平,"q"表示脉冲下降沿到来前的状态,"q̄"表示将状态 q 取反。

表 5-2　74HC73 功能

输入				输出		工作模式
$n\bar{R}$	$n\overline{CP}$	nJ	nK	nQ	$n\bar{Q}$	
L	X	X	X	L	H	异步重置
H	↓	H	H	$\bar{q}$	q	跳转模式
		L	H	L	H	置 0(reset)
		H	L	H	L	置 1(set)
		L	L	q	$\bar{q}$	保持

2. 74HC194 移位寄存器

74HC194 是四位双向移位寄存器。设备的同步操作由模式选择输入(S0,S1)决定。在平行负载模式(S0 和 S1 均为高电平)时,D0—D3 为输入端,Q0—Q3 为输出端。当 S0 为高电平且 S1 为低电平时,数据通过 DSL 串行输入并从左往右移位;当 S0 为低电平且 S1 为高电平时,数据通过 DSR 从右往左移位。DSL 和 DSR 允许数据左移或右移而不影响并行数据的传输。如果 S0 和 S1 均为低电平,当前数据被保留。模式选择和数据输入均通过时钟(CP)的上升沿触发。当重置端口 $\overline{MR}$ 为低电平时,无论输入状态怎样,所有的输出 Q 均为低电平。74HC194 的功能如表 5-3 所列,表中的 q_n 表示操作之前(即上升沿达到之前)Qn 的输出($n=0, 1, 2, 3$)。

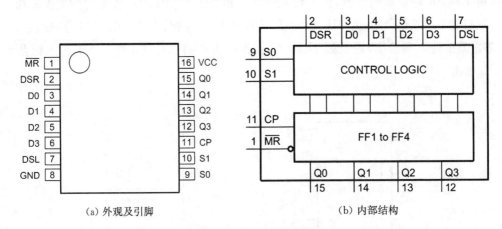

（a）外观及引脚　　　　　　　　（b）内部结构

图 5-2　74HC194 移位寄存器

表 5-3　74HC194 移位寄存器功能

输入							输出				工作模式
CP	$\overline{MR}$	S1	S0	DSR	DSL	Dn	Q0	Q1	Q2	Q3	
X	L	X	X	X	X	X	L	L	L	L	置 0(reset)
X	H	L	L	X	X	X	q0	q1	q2	q3	保持

（续表）

输入							输出				工作模式
CP	$\overline{MR}$	S1	S0	DSR	DSL	Dn	Q0	Q1	Q2	Q3	
↑	H	H	L	X	L	X	q1	q2	q3	L	左移
↑	H	H	L	X	H	X	q1	q2	q3	H	
↑	H	L	H	L	X	X	L	q0	q1	q2	右移
↑	H	L	H	H	X	X	H	q0	q1	q2	
↑	H	H	H	X	X	dn	d0	d1	d2	d3	并行输出

3. 74LS160A 加法计数器接成五进制计数器

市场上常见的集成计数器芯片一般为 4 位二进制计数器和十进制计数器，如果需要其他进制的计数器，可以使用现有的计数器设计而成。74 系列或 54 系列的 LS160A/LS161A/LS162A/LS163A 都是 4 位同步计数器。它们都是边沿触发、可同步预置且可以级联的芯片，常用于计数、存储寻址以及分频等。LS160A 和 LS162A 采用模 10（BCD），LS161A 和 LS163A 采用模 16（二进制）。LS160A 和 LS161A 有一个独立于时钟和其他控制输入的异步重置端*R。LS162A 和 LS163A 有一个也能重写的其他异步输入，但仅仅在时钟上升沿时重置才有效。本实验中采用 74LS160A 进行实验。

74LS160A 内部主要由 D 触发器构成。74LS160A 的引脚如图 5-3（a）所示，其各引脚功能见表 5-4，状态转换见图 5-3（b）。74LS160A 的模式及设置如表 5-5 所列，其中，"H"代表高电平，"L"代表低电平，"X"代表任意电平。触发为上升沿有效。74LS160A 芯片同步十进制计数器的用途包括用于快速计数的内部先进位置、用于 n 位级联的进出、同步可编程、有数控线、二极管钳口输入、直接清除零和同步计数等。

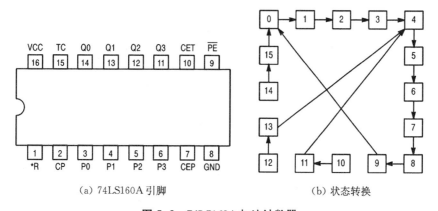

(a) 74LS160A 引脚　　　　(b) 状态转换

图 5-3　74LS160A 加法计数器

表 5-4   74LS160A 各引脚功能

引脚名称	英文描述	功能
$\overline{PE}$	Parallel Enable Input	并行输入使能
P0—P3	Parallel Inputs	并行输入
CEP	Count Enable Parallel Input	并行输入计数使能
CET	Count Enable Trickle Input	计数使能
CP	Clock Input	时钟输入
*R	Reset Input	重置计数器
Q0—Q3	Parallel Outputs	并行输出
TC	Terminal Count Output	终止计数输出

表 5-5   74LS160A 模式及设置

*R	PE	CET	CEP	模式
L	X	X	X	置 0(reset)
H	L	X	X	并行输出
H	H	H	H	计数(自增)
H	H	L	X	保持
H	H	X	L	保持

4. D 触发器实现串行数据检测器(选做)

D 触发器是数字逻辑电路中一种重要的单元电路,它具有记忆功能,是构成多种时序电路的最基本逻辑单元。D 触发器具有两个稳定状态,即"0"和"1",在一定的外界信号作用下,可以从一个稳定状态翻转到另一个稳定状态。

74HC74 是一款常见的具有两个独立 D 触发器的集成电路,其引脚如图 5-4 所示。对每个 D 触发器,$\overline{PRE}$ 为置位端,低电平有效,将 Q 置为 1;$\overline{CLR}$ 为清除端,低电平有效,将 Q 置为 0;时钟信号 CLK 上升沿有效;D 为数据输入端,74HC74 D 触发器的功能如表 5-6 所列,表中"L"代表低电平,"H"代表高电平,"X"代表任意电平,Q0 中的"0"代表前一状态,其余类似。

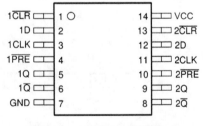

图 5-4   74HC74 D 触发器

使用 D 触发器可以实现串行数据检测器,串行数据检测器可用于数据帧的帧头检测等。这里补充一些数据传输的知识,在数据异步传输过程中,每次发送的数据称为数据帧。数据帧由帧头、数据部分和帧尾三部分组成。帧头中包含特定的序列以判断是否开始接收数据。接收端相当于一个串行数据检测器,检测到特定的序列即认为开始传输数据。

表 5-6 74HC74 D 触发器功能

输入				输出	
$\overline{\text{PRE}}$	$\overline{\text{CLR}}$	CLK	D	Q	$\overline{Q}$
L	H	X	X	H	L
H	L	X	X	L	H
L	L	X	X	H	H
H	H	↑①	H	H	L
H	H	↑	L	L	H
H	H	L	X	Q0	$\overline{Q}$0

① ↑表示上升沿。

时序逻辑电路的设计方法与组合逻辑电路相似,即首先分析问题,列出真值表;其次化简逻辑表达式;然后使用逻辑器件实现电路;最后实验验证。

试使用 D 触发器设计一个串行数据检测器,当连续检测到 3 个 1 时输出 0,其他情况则输出 1。

5.4 课前预习

(1) 熟悉 JK 触发器、D 触发器和 T 触发器的功能。
(2) 熟悉实验所用的集成电路的引脚和功能。
(3) 收集本实验所涉及的集成门电路数据手册。

5.5 注意事项

(1) 使用芯片前断开电源,安装时注意芯片的引脚方向。
(2) 万用表或其他元器件连线时,注意元器件的正、负极。
(3) 注意各元器件的供电电压,芯片的供电电压一般为 5 V。

5.6 实验内容和步骤

1. JK 触发器、SR 触发器和 T 触发器

(1) 使用 74HC73 JK 触发器,改变其在不同输出状态时的输入,使用万用表测量输出端电压,记录实验结果。

(2) 将 74HC73 改成 T 触发器,重复上述(1)中的测量过程。

2. 74HC194 移位寄存器

(1) 绘制实验草图,其中输出通过 LED 灯显示。

（2）将初始寄存器内容设置为 1100。

（3）通过两次右移，将输出移位为 0011。

3. 74LS160A 加法计数器

（1）绘制将 74LS160A 用作八进制计数器的实验草图。

（2）根据实验草图连线，改变其在不同状态时的输入，使用万用表测量输出端电压，记录实验结果。

4. D 触发器实现串行数据检测器（选做）

（1）通过逻辑抽象，画出状态转换图和状态转换表。

（2）使用代数化简方式或卡诺图来化简逻辑关系。

（3）绘制电路草图。

（4）通过实验器件完成实验验证，记录实验结果。

5.7　实验报告内容及要求

（1）实验目的。

（2）实验设备。

（3）实验内容及步骤（包括测试采用的原理图、实际接线照片、数据表格、计算公式等）。

（4）实验分析与讨论。

实验原始数据记录

1. 实验内容：JK 触发器、T 触发器

（1）分别绘制 JK 触发器实验电路草图、JK 触发器用作 T 触发器连线草图：

（2）实验数据：

表 5-7 JK 触发器

$\bar{R}$	$\overline{CP}$	J	K	Q	Q^*	$\bar{R}$	$\overline{CP}$	J	K	Q	Q^*
0	X	X	X	X							
1	↓	0	0	0		1	↓	0	0	1	
1	↓	0	1	0		1	↓	0	1	1	
1	↓	1	0	0		1	↓	1	0	1	
1	↓	1	1	0		1	↓	1	1	1	

表 5-8 T 触发器

T	Q	Q^*	D	Q	Q^*
0	0		1	0	
0	1		1	1	

2. 实验内容：74HC194 移位寄存器

（1）初始时 Q0—Q3 清空，即输出 0。将 1011 右移 4 位，记录每次移位时 Q0—Q3 的输出。绘制实验草图：

（2）实验数据：

表 5-9　74HC194 移位寄存器实验数据表

$\overline{MR}$	S0	S1	DSL	DSR	输入 D0—D3	Q0	Q1	Q2	Q3

3. 实验内容：74LS160A 加法计数器接成五进制计数器

（1）绘制实验草图：

（2）实验数据：

表 5-10　74LS160A 移位寄存器实验数据表

$\overline{CP}$	PE	CEP	CET	D0—D4	对应十进制值
↑					
↑					
↑					
↑					
↑					
↑					

4. 实验内容：D 触发器实现串行数据检测器（选做）

（1）通过逻辑抽象，画出状态转换图和状态转换表。使用卡诺图化简逻辑关系。绘制电路草图：

（2）实验数据：

表 5-11　D 触发器实现串行数据检测器实验数据

输入	输出
000	
001	
011	
110	
111	

6

实验四 555定时器及其应用

6.1 实验目的

(1) 掌握施密特触发电路、单稳态触发器和多谐振荡器的工作特点。

(2) 熟悉555定时器的常见应用。

(3) 了解石英晶体振荡器的工作特点。（选做）

6.2 实验工具

(1) 硬件平台：NI ELVIS Ⅲ。

(2) 电阻、导线、开关和LED各若干。选做实验中还需要一个石英晶体和若干电容。

(3) 集成电路：NE555定时器1片。

6.3 实验原理

555定时器是一种多用途的、集数字与模拟于一体的中规模集成电路，其应用极为广泛。它不仅用于信号的产生和变换，还常用于控制和检测电路中。由于使用灵活、方便，555定时器在波形的产生与交换、测量与控制、家用电器、电子玩具等许多领域中得到了广泛应用。

555定时器的外观及引脚如图6-1(a)所示，内部逻辑结构如图6-1(b)所示。根据稳态模式的不同，555定时器可以构成三种模式：单稳态触发器（单稳态模式）、施密特触发器（双稳态模式）和多谐振荡器（无稳态模式）。

表6-1 NE555定时器功能

清零端 RST	高触发端 THR	低触发端 TRG	OUT	放电管 T(V)	功能
0	X	X	0	导通	直接清零
1	0	1	X	保持上一状态	保持上一状态
1	1	0	1	截止	置1
1	0	0	1	截止	置1
1	1	1	0	导通	清零

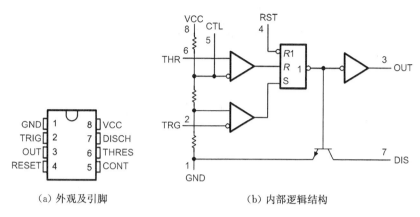

（a）外观及引脚　　　　　　　（b）内部逻辑结构

图 6-1　555 定时器引脚及内部逻辑结构

1. 555 定时器实现施密特触发电路

施密特触发电路是一种波形整形电路，当任何波形的信号进入电路时，输出在正、负饱和之间跳动，产生方波或脉波输出。电路输出端可以稳定在高电平或低电平两种状态，通过外加的触发信号，可以获得高电平或低电平两种稳定状态。施密特触发电路的典型应用为波形变换、脉冲整形和脉冲鉴幅。

利用 555 定时器构成的施密特触发电路如图 6-2 所示。在该电路中，当 set 和 reset 均未被按下时，2 脚电压大于 1/3VCC，6 脚电压小于 2/3VCC，电路保持原来的输出状态。当 set 被按下时，2 脚和 6 脚电压均小于 1/3VCC，此时输出高电平。当 reset 被按下时，该复位功能强迫输出 OUT 为低电平。

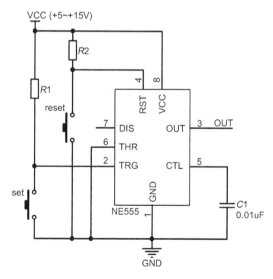

图 6-2　555 定时器构成施密特触发电路

2. 555 定时器实现单稳态电路

单稳态电路中有稳态和暂态两种模式。当没有外加信号时，电路处于稳态；在外加信号触发下,电路从稳态转换到暂态,经过一定时间后,又从暂态又自动返回到稳态。暂态时间的长短取决于电路本身的参数,而与触发信号作用时间长短无关。

利用 555 定时器可以构成单稳态触发器,其功能为单次触发,该功能常用于形式延时整型及一些定时开关中。电阻 R 和 C 决定了暂态存在的时间。通常,R 的取值为几百欧姆,电容取值为几百皮法到几百微法,暂态存在时间计算公式如下:

$$t_w = RC\ln 3 \approx 1.1RC \tag{6-1}$$

由 555 定时器构成的单稳态触发器如图 6-3 所示。电路处在稳态时,按键 s 断开时,3 脚 OUT 和 7 脚 DIS 均输出低电平,2 脚 TRG 大于 1/3VCC,6 脚 THR(与 7 脚短接)电压小于 2/3VCC,此时,电容 C1 两端均为低电平,无充电过程。按下 start 时,2 脚 TRG 电压小于 1/3VCC,6 脚 THR 电压小于 2/3VCC,3 脚 OUT 输出为高电平,则 7 脚 DIS 变为高阻态,VCC 给电容 C1 充电。开关 start 按下后马上断开,在 C1 电压达到 2/3VCC 之前,6 脚 THR 为低电平,2 脚 TRG 为高电平,则 3 脚 OUT 输出高电平保持不变,因此,C1 继续充电。当 C1 电压达到 2/3VCC 时,6 脚 THR 的电压也达到 2/3VCC,则 3 脚 OUT 输出为低电平,7 脚 DIS 导通,C1 迅速放电,整个系统回到稳态。

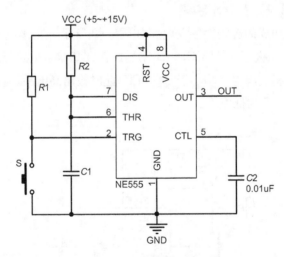

图 6-3　555 定时器构成的单稳态电路

3. 555 定时器实现多谐振荡器

多谐振荡器是一种矩形波产生电路。这种电路不需要外加触发信号,便能连续地、周期性地自行产生矩形脉冲。由于该脉冲由基波和多次谐波构成,因此称为多谐振荡电路。又因为该电路没有稳定的工作状态,故也把多谐振荡器称为无稳态电路。

除了常用的 TTL 或 CMOS 门电路以外,使用 555 定时器也可直接构成多谐振荡器。当 2 脚 TRG 和 6 脚 THR 的电压均低于 1/3VCC 时,3 脚 OUT 输出高电平,7 脚 DIS 截止,此时给 C1 充电,如图 6-4 所示。当 C1 电压达到 2/3VCC 时,3 脚 OUT 输出低电平,7 脚 DIS 导通,C1 通过 R2 连接到 DIS 端放电,放电期间,输出端保持前一状态(低电平)不变。当2脚TRG和6脚THR的电压降至1/3VCC时,3脚OUT输出高电平,7脚DIS截止,重复充电过程,充电过程中,输出状态(高电平)保持不变。这样就实现了矩形波输出。

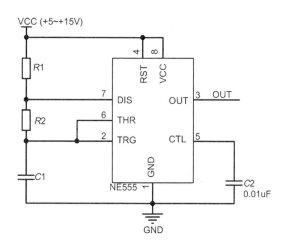

图6-4 555定时器构成的多谐振荡器

充电过程中,电阻R1与R2串联之后再与C1串联,其充电时间为

$$t_1 = 0.693(R_1 + R_2)C_1 \tag{6-2}$$

放电过程中,电阻R2与C1串联,其放电时间为

$$t_2 = 0.693R_2C_1 \tag{6-3}$$

可见充电时间总是大于放电时间,即输出的方波为占空比大于50%的方波。通过设置合理的R1、R2和C1的值,即可获得不同的充放电时间。

4. 石英晶体振荡器(选做)

石英晶体的化学成分是SiO_2,是单晶体结构。石英晶体是一种重要的电子材料。沿一定方向切割的石英晶片,当受到机械应力作用时将产生与应力成正比的电场或电荷,这种现象称为正压电效应。反之,当石英晶片受到电场作用时将产生与电场成正比的应变,这种现象称为逆压电效应。正、逆两种效应合称为压电效应。除了具有压电效应外,石英晶体还具有优良的机械特性、电学特性和温度特性。因此,它被广泛用于制作石英晶体谐振器、石英晶体振荡器和滤波器等。

常见的石英晶体振荡器如图6-5所示。无源晶振(石英晶体谐振器)一般是具有两个直插引脚的无极性元件,需要借助时钟电路才能产生振荡信号。常见的有49S、圆柱体封装。其输出波形为正弦波。有源晶振(石英晶体振荡器)一般是表贴四个脚的封装,内部有时钟电路,只需供电便可产生振荡信号。一般分7050、5032、3225、2520、2016几种封装形式,其输出波形为方波。

（a）无源直插式　　　　　　　　（b）有源贴片式

图 6-5　常见的晶振外形

实验中使用 HC-49S 振荡器（晶振）。在电路中，晶振通常用符号 XTAL 表示，如图 6-6 所示，晶振两端通常与电容 $C1$ 和 $C2$ 串联后接地，一般 $C1$ 与 $C2$ 取相同容量。其计算公式为

$$C = (C1 \times C2)/(C1 + C2) + C0 + \Delta C \tag{6-4}$$

式中　C——负载电容；

　　　$C1, C2$——晶振两端的电容；

　　　$C0$——晶振等效电容（可查数据手册）；

　　　ΔC——PCB 上电容（经验值取 3～5 pF）。

需要说明的是，虽然图 6-6 没有画出供电电源，但需要提供外部电源振荡器才能正常工作。

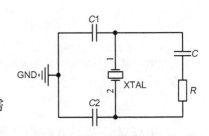

图 6-6　晶振实验电路

6.4　课前预习

（1）熟悉施密特触发器、单稳态电路、双稳态电路和多谐振荡器的工作特点。

（2）熟悉 NE555 定时器的结构原理及引脚功能。

（3）根据实验原理及实验内容绘制相应的实验草图。

6.5　注意事项

（1）使用芯片前断开电源，安装时注意芯片的引脚方向。

（2）注意各元器件的供电电压，NE555 定时器的最大供电电压为 18 V，必要时请查阅芯片的数据表。

6.6　实验内容和步骤

（1）555 定时器实现施密特触发电路。根据实验原理中的电路，画出使用 NE555 集成

电路实现施密特触发电路的草图。其输出端通过 LED 灯显示。要求按下 set 键然后松开,小灯点亮;按下 reset 键然后松开,小灯熄灭。

(2) 555 定时器实现单稳态电路。根据实验原理中的电路,画出使用 NE555 集成电路实现单稳态电路的草图。其输出端通过连接 LED 灯显示。要求按下电路中的开关,电路转换到暂态,灯变亮;暂态结束之后回到稳态,灯熄灭。选择合理参数的电阻和电容,使暂态持续时间在 2 s 左右。

(3) 555 定时器实现多谐振荡器。根据实验原理中的电路,画出使用 NE555 集成电路实现单稳态电路的草图。其输出端通过 LED 灯显示。要求实现灯的闪烁。选择合适参数的电阻和电容,使灯的闪烁频率在 10~100 Hz 范围。观察灯的闪烁。通过示波器观察震荡的波形和频率。

(4) 石英晶体振荡器(选做)。按图 6-6 连接电路,在负载端接入电阻或(和)电容,使用示波器观察输出的波形和振荡频率。比较只接电阻、只接电容、同时接电阻和电容、改变电阻和电容的参数等不同情况下观察到的波形和振荡频率。

6.7　思考题

(1) 555 定时器构成的多谐振荡器,其振荡占空比与哪些因素有关?
(2) 与 RC 振荡电路相比,石英晶体振荡器有什么优势?

6.8　实验报告内容及要求

(1) 实验目的。
(2) 实验设备。
(3) 实验内容及步骤(包括测试采用的原理图、实际接线照片、数据表格、计算公式等)。
(4) 实验分析与讨论。
(5) 思考题。(选做)

实验原始数据记录

实验人员：

实验日期：

1. 实验内容：555 定时器实现施密特触发电路

绘制实验电路草图：

2. 实验内容：555 定时器实现单稳态电路

（1）绘制实验电路草图：

（2）电阻、电容计算及选择（注：并不是任意阻值的电阻都有，应根据标准值选择，电容类似）：

3. 实验内容：555 定时器实现多谐振荡器

（1）绘制实验电路草图：

（2）电阻、电容选择及计算过程：

（3）示波器显示频率：

（4）示波器波形：

4. 实验内容：石英晶体振荡器（选做）

（1）绘制实验电路草图：

（2）观察到的振荡器输出波形：

（3）实验数据：

表 6-2　石英晶体振荡器实验数据

输入				输出
负载电容 C	负载电阻 R	$C1$	$C2$	输出频率

7

实验五　组合逻辑中的冒险现象

7.1　实验目的

（1）了解组合逻辑电路中冒险现象产生的原因。

（2）了解检查与消除电路中冒险现象的方法。

7.2　实验工具

（1）硬件平台：NI ELVIS Ⅲ。

（2）示波器一个，电阻、电容、导线若干。

（3）集成电路。实验所用的集成电路如表 7-1 所列。

表 7-1　实验所用的集成电路

集成电路型号	集成电路描述	数量/片
74LS00	二输入与非门	4
74LS10	三输入与非门	4
74LS04	反相器	4

7.3　实验原理

在实际的数字电路中，由于器件内部存在多个连线、逻辑单元等，导致信号在通过器件时会产生一定的延时，而且不同器件产生的延时不同。延时的长短不仅与连线长短、逻辑单元数量有关，也与器件的制造工艺、外界温度等有关。因此，多路输入的信号在经过不同路径到达某一个点汇合的时间可能并不相同，即多路信号的电平值发生变化时，在信号变化的瞬间，组合逻辑电路的输出存在先后顺序，并不是同时变化，这一现象称为竞争。竞争会使电路产生一些不按稳定规律变化的尖峰信号，即"毛刺"，如图 7-1 所示。如果某个组合电路输出信号存在"毛刺"，那么就说明该电路存在冒险现象。

在逻辑电路中，可以将竞争和冒险现象广义地理解为当输入的信号发生变化时，多个

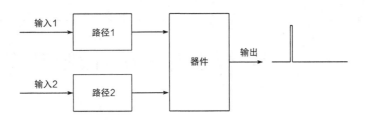

图 7-1　组合电路中的冒险现象

信号到达某一点,由于各信号之间存在时差,便会存在输出不理想的现象。在组合逻辑电路中,从信号输入到稳定输出需要一定时间。在输入到输出的过程中,不同通路上门的级数不同,且门电路产生的延迟时间存在差异,这使得信号从输入经不同通路传输到输出端的时间不同。因此,大多数的组合逻辑电路都存在竞争与冒险的情况,有些竞争与冒险会使得电路发生不稳定等不良现象,有些会使输出的逻辑产生错误。当负载电路对由于竞争冒险现象产生的尖峰脉冲不敏感时(如负载为光电器件),可以不必考虑尖峰脉冲的消除问题;当负载电路对尖峰脉冲敏感时,必须采取措施来防止和消除尖峰脉冲。

根据产生形式的不同,可以将冒险分为静态冒险和动态冒险两类。对于一个组合电路而言,如果输入信号发生了改变而输出不应该发生变化时,在输出端产生了"毛刺",则该电路产生了静态冒险。如果输入信号发生了改变而输出也应该发生变化时,在输出端产生了"毛刺",则该电路存在动态冒险。

7.3.1　组合逻辑电路中的动态冒险

动态冒险按照冒险的极性不同,分为"1"型冒险和"0"型冒险。"1"型冒险的组合逻辑电路及输入、输出波形如图 7-2 所示。

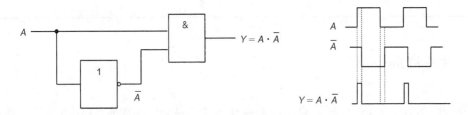

图 7-2　"1"型冒险现象分析

电路输出的逻辑表达式为

$$Y = A \cdot \bar{A} \tag{7-1}$$

由于非门存在一定的传输时间,使得到达与门输入端的信号 $\bar{A}$ 滞后于 A,此时,$\bar{A}$ 和 A 成为有竞争的变量。

当电路处于稳态时,$A = 0$ 或 1,以及 A 从 1 跳变为 0 时,电路有正常的输出 $Y = 0$;当

A 从 0 跳变为 1 时,电路会有错误的输出 $Y=1$,即为"1"型冒险现象。

"0"型冒险的组合逻辑电路及输入、输出波形如图 7-3 所示。

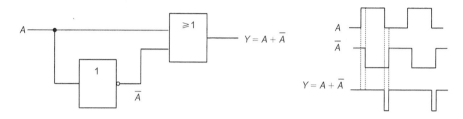

图 7-3 "0"型冒险现象分析

电路输出的逻辑表达式为

$$Y=A+\bar{A} \tag{7-2}$$

同样地,由于非门存在一定的传输时间,使得到达或门输入端的信号 $\bar{A}$ 滞后于 A,此时,$\bar{A}$ 和 A 成为有竞争的变量。

当电路处于稳态时,$A=0$ 或 1,以及 A 从 0 跳变为 1 时,电路有正常的输出 $Y=1$;当 A 从 1 跳变为 0 时,电路会有错误的输出 $Y=0$,即为"0"型冒险现象。

7.3.2 组合逻辑电路中的静态冒险

静态冒险根据产生条件的不同,可以分为逻辑冒险和功能冒险,下面对它们分别进行介绍。

逻辑冒险。当只有一个变量发生变化时,在输出端产生了毛刺,这种冒险即为逻辑冒险。例如,$F=D_1A+D_0\bar{A}$,当 D_1 和 D_0 以原变量的形式出现时,它们的变化都未引起临界竞争。同理,$F=(A+\bar{C})(B+C)$,当 A 和 B 均仅以原变量的形式出现时,它们的变化不会引起临界竞争。所以,当某输入变量在二级与-或(或-与)表达式 F 中仅以原变量或仅以反变量的形式出现时,该变量的变化不会引起逻辑冒险。而当某输入变量在输出表达式中既有原变量又有反变量的形式出现时,例如 $F=D_1A+D_0\bar{A}$ 中的 A 和 $\bar{A}$,该变量的变化将引起逻辑冒险。

功能冒险。当有两个或两个以上输入信号同时产生变化时,在输出端产生了毛刺,这种冒险即为功能冒险。因为两个或两个以上的信号是无法同时发生变化的,即使间隔时间短,多个信号的变化也会存在先后顺序。所以,如果一个组合逻辑电路中,必然有两个或两个以上的输入信号同时发生变化,且变化前后的输出相同,同时,变化的 n 个变量组成的 2^n 种可能取值的组合中,既可以使输出变为 0,又可以使输出变为 1。此时,电路中将会产生功能冒险现象。

基于以上分析,动态冒险是由静态冒险引起的,因此,存在动态冒险的电路也存在静态冒险。

1. 逻辑冒险的判别

设 X 是能引起逻辑竞争的变量。若对表达式中的其他变量赋以特定的值(0 或 1)可使表达式简化为 $F = X + \bar{X}$ 或者 $F = X \cdot \bar{X}$,则当其他变量取到这些特定值时,X 的变化可能引起临界竞争,即产生"0"型冒险或"1"型冒险。

例如,判断 $F = BC + \bar{A}B + \bar{B}\bar{C}$ 是否会产生冒险现象。根据表达式可知,A 的变化不会产生冒险现象,但是 B 和 C 的变化将会引起逻辑竞争。当 $A = C = 0$ 时,$F = B + \bar{B}$,电路可能会产生"0"型冒险;当 C 变化时,虽然存在逻辑竞争,但是不会产生冒险现象。

利用卡诺图来判别临界竞争既直观又简便。上例对应的卡诺图如图 7-4 所示。该函数的两个最小项 m_1 和 m_2 是相邻的,它们分别被两个相切的卡诺圈 $\bar{B}\bar{C}$ 和 $\bar{A}B$ 包含。当 $A = C = 0$ 时,表达式可以化简为 $F = B + \bar{B}$,表明 $A = C = 0$ 时将会出现临界竞争。因此,可以得出结论,如果在卡诺图中存在两个相邻最小项,它们分别被两个相切的卡诺圈包含,而未同时被同一个卡诺圈包含,则输入信号在与这两个最小项对应的组合间变换时将出现临界竞争,同理也可以推广到最大项的情况。

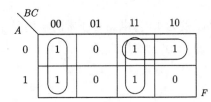
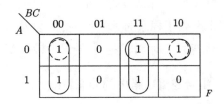

图 7-4　$F = BC + \bar{A}B + \bar{B}\bar{C}$ 对应的卡诺图　　图 7-5　增加冗余项以消除逻辑冒险

2. 逻辑冒险的消除

如果在表达式中添加冗余项,使得未被同一卡诺圈包含的相邻最小(大)项被与这一冗余项对应的卡诺圈包含,那么逻辑冒险现象即可消除。因此,在上例中,可增加冗余项 $\bar{A}\bar{C}$,相应的卡诺圈如图 7-5 中的虚线所示。

3. 功能冒险的判别

假设一个信号 ABC 需要由 101 变为 000,其中,A 和 C 需要同时变为 0,但是,由于信号发生器内部存在延迟或者电路上的其他原因,A 和 C 必然不可能严格地同步变化,这样导致的结果就是 ABC 可能先由 101 变为 100,然后再变为 000;或者由 101 变为 001,然后再变为 000。这些变化顺序是难以预测的。

假设 $ABC = 101$,对应的输出 $F = 1$。如果 BC 需要从 01 变成 10,由于 B 和 C 的变化存在先后,将会出现如图 7-6 所示的两种情况。图 7-6(a)中由 01 变为 11,再变为 10,并未出现冒险现象;图 7-6(b)中由 01 变为 00,再变为 10,出现了"0"型冒险现象。

4. 功能冒险的消除

功能冒险无法从逻辑上消除,但是冒险现象一般都是持续时间很短的尖峰脉冲信号(几十纳秒以内),包含了丰富的高频分量,因此,可以在电路的输出端接入滤波电容,电容

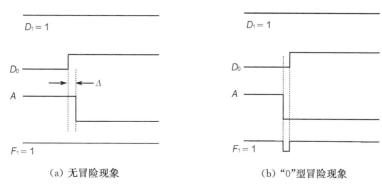

(a) 无冒险现象　　　　　　　　(b) "0"型冒险现象

图 7-6　功能冒险现象波形图

的数值通常在几十到几百皮法范围内。这样,就可以把尖峰脉冲的幅度削弱至门电路的阈值电压以下。这种方法的优点是简单易行,缺点是增加了输出电压波形的上升时间和下降时间,导致波形变坏。

另一种消除功能冒险的方式是引入选通脉冲。因为选通脉冲的高电平(高电平有效)出现在电路到达稳定状态以后,所以,电路引入选通脉冲,输出端不会产生尖峰脉冲。引入选通脉冲的方法简单易行,而且不需要额外增加电路元件。但是,使用该方法时,必须设法得到一个与输入信号同步的选通脉冲,且对这个脉冲的宽度和作用时间均有严格要求。

在组合电路中,冒险现象仅存在于信号发生改变的时候,不具有延续性,不会使稳态值偏离正常值。在时序电路中,冒险现象可能会导致电路输出值偏离正常值或发生振荡。

7.3.3　检查电路是否存在冒险现象的方法

判断组合逻辑电路中是否有可能产生冒险现象的方法有表达式法和卡诺图法两种。

1. 逻辑表达式化简法

化简逻辑表达式,如果表达式能够化简为 $A\bar{A}$,当某些逻辑变量取 0 时,会得到 1 的错误数据,即产生了"1"型冒险;如果表达式能够化简为 $A+\bar{A}$,当某些逻辑变量取 1 时,会得到 0 的错误数据,即产生了"0"型冒险。

2. 卡诺图法

画出电路的卡诺图,如果输入信号在卡诺圈内改变时,电路不会发生冒险现象;如果输入信号是在两个卡诺圈的相邻处发生变化,并且是从一个卡诺圈进入另一个卡诺圈,则有可能使电路产生冒险现象。

如图 7-7 所示,A 和 C 均为 1 时,B 从 0 变化到 1,输出信号在卡诺圈中变化,不会产生冒险现象;B 和 C 均为 1 时,A 从 0 变化到 1,输出信号在卡诺圈中变化,不会产生冒险现象;A 和 B 均为 1 时,C 从 0 变化到 1,输出信号从一个卡诺圈进入另一个卡诺圈,导致电路产生冒险现象。

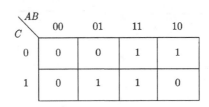

C \ AB	00	01	11	10
0	0	0	1	1
1	0	1	1	0

图 7-7　卡诺图法

7.3.4　消除电路中冒险现象的方法

消除电路中冒险现象的方法有以下几种。

1. 增加冗余项

当逻辑表达式为 $Z = \bar{A}BC + AB$，且 $B = C = 1$ 时,电路存在"0"型冒险,增加冗余项 BC,逻辑表达式变为 $Z = \bar{A}BC + AB + BC$,此时不存在冒险现象。

2. 增加滤波电容

当发生冒险现象时,输出的信号是一个窄脉冲,往往可以通过在输出端接滤波电容的方法将其滤除。

3. 增加 D 触发器

由于 D 触发器对输入信号的毛刺不敏感,因此可以采用 D 触发器来去除信号中的毛刺。但是,D 触发器的使用会使电路产生一定的延时,级数越大,延时也越长,因此,采用 D 触发器来消除冒险现象的方法并不适用于所有电路。

7.4　课前预习

(1) 熟悉数字电路中冒险现象产生的原因。
(2) 熟悉实验所用的集成电路的引脚和功能。
(3) 收集本实验所涉及的集成门电路的数据手册。

7.5　注意事项

(1) 使用芯片前断开电源,安装时注意芯片的引脚方向。
(2) 万用表或其他元器件连线时注意元器件的正、负极。
(3) 注意各元器件的供电电压,芯片的供电电压一般为 5 V。

7.6　实验内容和步骤

(1) 搭建电路,如图 7-8 所示。

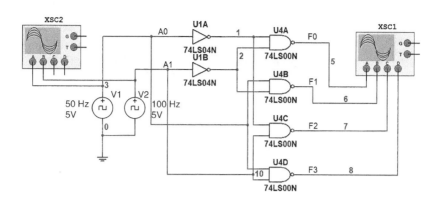

图 7-8 实验电路

(2) 绘制 4 个输出端的波形,观察是否有冒险现象产生,并分析该冒险现象产生的条件。

(3) 如图 7-9 所示搭建电路。在电路中引入使能信号 EN。当 EN＝0 时,F0＝F1＝F2＝F3＝1。在输入信号 A0A1 发生变化之前,先令 EN＝0,当 A0A1 的变化完成之后,再令 EN＝1。观察波形,分析电路是否仍然存在冒险现象。

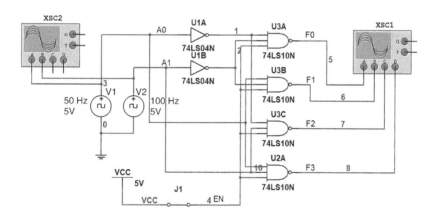

图 7-9 改进电路

(4) 通过增加滤波电容的方式来消除冒险现象。(选做)

7.7 实验报告内容及要求

(1) 实验目的。

(2) 实验设备。

(3) 实验内容及步骤(包括测试采用的原理图、实际接线照片、数据表格、计算公式等)。

(4) 实验分析与讨论。

实验原始数据记录

实验人员：

实验日期：

（1）观察冒险现象产生时电路中各点的波形，并分析冒险现象产生的条件。

（2）引入选通信号后，绘制电路波形图。

（3）用增加滤波电容的方法消除冒险现象，绘制电路波形图。

8

实验六　四相时钟分配器

8.1　实验目的

（1）了解四相时钟分配器的设计方法。
（2）掌握 D 触发器实现计数器的方法。
（3）熟悉译码器的使用场景与方法。
（4）培养通过观察电路各点的波形来分析其时序关系的能力。

8.2　实验工具

（1）硬件平台：NI ELVIS Ⅲ。
（2）万用表、示波器各一个，电阻、导线和 LED 灯若干。
（3）集成电路。实验所用的集成电路如表 8-1 所列。

表 8-1　实验所用的集成电路

集成电路型号	集成电路描述	数量/片
74LS74	D 触发器	3
74LS139	双 2 线-4 线译码器	1
74LS04	反相器	1
74LS138	3 线-8 线译码器	1

8.3　实验原理

时钟脉冲是一种信号格式，在使用过程中，根据用户的不同需求来改变信号格式。时钟分配器又称脉冲分配器，其作用是将输入时钟脉冲经过一定的分频后分别送到各路输出逻辑电路，即能够产生多路顺序脉冲信号，向用户提供多路可以远距离传输的脉冲信号，用于协调系统各部分的工作，可应用于电机同步控制、印刷、印染等编码器信号分多路的场合。时钟分配器根据用户输入信号、电平、物理接口等的不同，可以分为不同的类型。例如，将时钟分配器应用于计量、通信、电机同步控制以及伺服控制器等方面时，有的设备需要将一路脉冲信号扩展为多路输出信号,而有的设备需要将集电极脉冲信号转换为差分脉冲信号,或者将差分脉冲信号转换为集电极脉冲信号,这些需要不同的时钟分配器来实现。时钟分配器的结构有两大类:一类是计数器型;一类是移位寄存器型。前者由计数器和译码器组成,后者由移位寄存器接成扭环型计数器构成。

由计数器和译码器组成的时钟分配器如图 8-1 所示。时钟脉冲 CP 经过 N 位的二进制计数器,输出相应的数值,然后再经过译码器,转变为 2^N 路顺序输出脉冲。四相时钟分配器可以由两个二进制计数器和译码器构成。

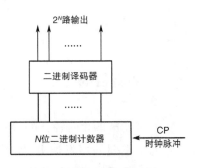

图 8-1 时钟分配器构成

由计数器 74LS161 和译码器 74LS138 组成的时钟分配器如图 8-2 所示。74LS161 构成 8 位计数器,输出状态 $Q_2Q_1Q_0$ 在 000—111 之间循环变化,从而在译码器输出端 Y_0—Y_7 分别得到如图 8-3 所示的脉冲序列。

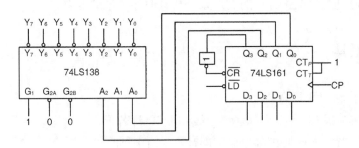

图 8-2 时钟分配器

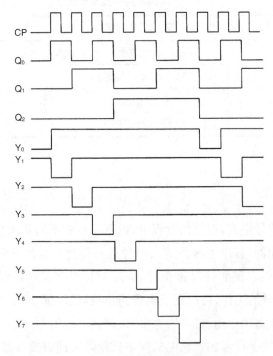

图 8-3 脉冲序列

　　时钟分配器使用时需要注意下面一些问题：①时钟分配器使用时,要保证输入信号格式与输出信号格式一致;②时钟分配器通电后电源指示灯闪烁不稳定,这是电源连接线不稳定或供电电源有问题,需要将连接线重新连接好或者检查供电电源是否正常,保证电压在正常合理的范围内;③分配器设备输入信号正常,输出信号有干扰,这是由分配器与信号输入输出设备不共地引起的,需要将分配器 GND 与输入输出设备的地相连。

　　当时钟分配器输入路数太多时,可能会导致其他设备不能正常工作,主要是负载过大或后级设备故障引起的。因此,遇到故障时,应减少负载或者检查后级设备是否正常。分配器的供电电压需要与输出信号的电压保持一致。供电及输入信号正常但是无输出信号,应当首先确认购买的分配器的输入信号格式,如果格式正确,还需要确认输入信号电压小于或等于设备供电电压。这样才能使分配器正常输出信号。

　　四相时钟分配器要求输入时钟脉冲,输出四相时钟的 A 相、B 相、C 相和 D 相,其时序要求如图 8-4 所示。

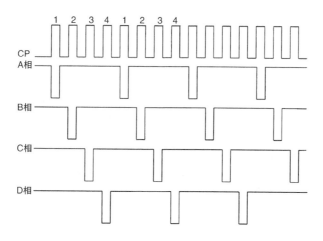

图 8-4 四相时钟分配器时序要求

8.3.1 四进制加法计数器

　　计数器是用电路的状态变化累计时钟脉冲 CP 作用个数的时序逻辑电路,即用状态变化对时钟脉冲 CP 出现的个数进行计数,经历 N 个状态完成一个计数周期的循环,并产生进位输出信号,$N \leqslant 2^n$ 为计数器的有效状态解,n 为触发器的个数。

　　根据触发器是否同时改变状态,可将计数器分为同步计数器和异步计数器。同步计数器设置统一的时钟,即计数时钟脉冲 CP 接到所有触发器的时钟端,使得应改变状态的触发器同时改变状态。异步计数器没有设置统一的计数时钟脉冲,在结构上满足以下几个条件：①最低位触发器每接收一个输入计数脉冲翻转一次;②非最低位触发器每接收相邻低位触发器送来的进位或借位信号则翻转一次;③计数器中的触发器均构成 T 触发器。

加法计数器,当触发器由 1 变为 0 时,向高位进位,该触发器 Q 端的负向脉冲(或 $\bar{Q}$ 端的正向脉冲)作为进位信号。对于上升沿触发器,其 CP 端应接相邻低位触发器的 $\bar{Q}$ 端,对于下降沿触发器,其 CP 端应接相邻低位触发器的 Q 端。

减法计数器,当触发器由 0 变为 1 时,向高位借位,该触发器 Q 端的正向脉冲(或 $\bar{Q}$ 端的负向脉冲)作为借位信号。对于上升沿触发器,其 CP 端应接相邻低位触发器的 Q 端,对于下降沿触发器,其 CP 端应接相邻低位触发器的 $\bar{Q}$ 端。

四相时钟以四个输入时钟脉冲作为周期,因此,需要一个四进制计数器。本实验采用 D 触发器 74LS74 构成四进制计数器。如图 8-5 所示,将两个 74LS74N 级联,即可构成四进制计数器。触发器 U1A 在时钟脉冲 CP 的上升沿作用下不断翻转。 $\bar{Q}_1$ 作用于 U1B 的时钟端,U1B 在 $\bar{Q}_1$ 的上升沿作用下不断翻转。

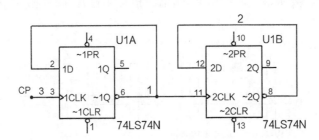

图 8-5　四进制加法计数器

输入时钟 CP、Q_1 和 Q_2 的波形图如图 8-6 所示。由图可知,Q_2Q_1 所表示的二进制数值与收到的时钟脉冲的个数一致。在每个计数周期内,该计数器由 $Q_2Q_1 = 00$ 开始计数,每次加 1,直到 $Q_2Q_1 = 11$,该周期结束。在下一个周期的时钟脉冲到来时,计数器返回 $Q_2Q_1 = 00$ 状态,重新开始计数。并由 Q_2 产生一个正跳变,作为进位信号。

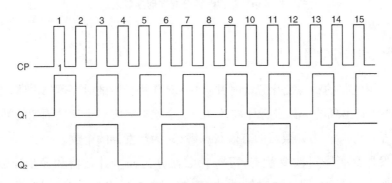

图 8-6　四进制加法计数器

由于该计数器采用的是加法计数的方式,所以称为加法计数器;如果计数器采用减法计数的方式,则称为减法计数器;如果计数器的计数方式可以加也可以减,则称为加/减计数器。

8.3.2 双 2 线-4 线译码器

译码器是一个多输入、多输出的组合逻辑电路。其作用是将输入的二进制代码或二-十进制代码转换为原来的状态,使输出通道中对应的一路有信号输出。译码器广泛应用于数字系统中,例如代码转换、终端数字显示、数据分配、存储器寻址和组合控制信号等。常用的译码器有变量译码器和显示译码器两类。

变量译码器又称二进制译码器,用于表示输入变量的状态,例如 2 线-4 线译码器、3 线-8 线译码器和 4 线-16 线译码器等。以 2 线-4 线译码器为例,2 线代表输入变量的个数为 2,则输出状态为 $2^2=4$,即有 4 个输出端。每个输出函数都对应于输入变量的一个最小项。显示译码器常用于数码显示译码。在数字电路中,经常需要将译码输出显示成十进制数字或其他符号。因此,显示译码器就是用于驱动显示器件的逻辑模块。例如,七段发光数码管、BCD 七段译码驱动器都是常用的数码显示译码器。

本实验采用 74LS139 作为译码器。74LS139 为双 2 线-4 线译码器,含有 54/74S139 和 54/74LS139 两种线路结构形式。可对 2 位高位地址进行译码,发生 4 个片选信号,最多可外接 4 个芯片。74LS139 引脚如图 8-7(a)所示,其内部引脚如图 8-7(b)所示。各引脚功能如表 8-2 所列。

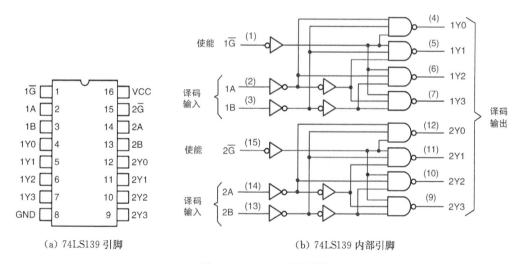

(a) 74LS139 引脚   (b) 74LS139 内部引脚

图 8-7   74LS139 原理图

表 8-2   74LS139 引脚功能

引脚名称	功能
A、B	译码输入端
G	使能端(低电平有效)
Y0—Y3	译码输出端(低电平有效)

对应的真值如表 8-3 所列。其中,H 代表高电平,L 代表低电平,X 代表任意电平。

表 8-3　74LS139 真值

输入			输出			
使能$\bar{G}$	选择		Y0	Y1	Y2	Y3
	B	A				
H	X	X	H	H	H	H
L	L	L	L	H	H	H
L	L	H	H	L	H	H
L	H	L	H	H	L	H
L	H	H	H	H	H	L

8.3.3　四相时钟分配器

四相时钟分配器电路如图 8-8 所示。结合 74LS139 真值表分析可知,当 $Q_2Q_1=00$ 时,即计数器输入端均为低电平,当时钟脉冲上升沿到来时,经过反相器,G 为低电平,译码器使能,输出端 Y0 有信号(0)输出,其他输出端均无信号(1)输出。当 $Q_2Q_1=01$ 时,即计数器输入端 B 为低电平,A 为高电平,当时钟脉冲上升沿到来时,译码器使能,输出端 Y1 有信号(0)输出,其他输出端均无信号(1)输出。当 $Q_2Q_1=10$ 和 $Q_2Q_1=11$ 时,情况同理。

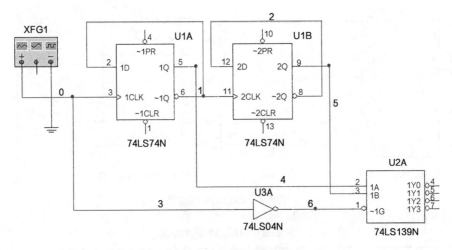

图 8-8　四相时钟分配器

8.4　课前预习

(1)熟悉计数器、译码器的功能。

(2) 复习有关脉冲分配器的原理。

(3) 熟悉实验所用的集成电路的引脚及功能。

(4) 收集本实验涉及的集成门电路数据手册。

8.5 注意事项

(1) 使用芯片前断开电源,安装时注意芯片的引脚方向。

(2) 万用表或其他元器件连线时注意元器件的正、负极。

(3) 注意各元器件的供电电压,芯片的供电电压一般为 5 V。

8.6 实验内容和步骤

(1) 按照图 8-8 所示搭建电路。

(2) 利用示波器观察时钟脉冲、计数器输出与译码器输出,并绘制波形图,分析是否满足时序要求。

(3) 在此电路上进行扩展,用 3 个 74LS74 设计八进制计数器,用 3-8 线译码器 74LS138 替换 73LS139,设计八相时钟分配器,并对电路进行分析。(选做)

8.7 思考题

(1) 试举例说明时钟分配器的应用。

(2) 查阅网络资料,回答四相时钟分配器属于偶数分频、奇数分频还是分数分频。

8.8 实验报告内容及要求

(1) 实验目的。

(2) 实验设备。

(3) 实验内容及步骤(包括测试采用的原理图、实际接线照片、数据表格、计算公式等)。

(4) 实验分析与讨论。

实验原始数据记录

实验人员：

实验日期：

(1) 绘制四相时钟分配器各单元电路输出波形图。

(2) 分析电路中各点的时序关系。

(3) 绘制八相时钟分配器电路图。

(4) 绘制八相时钟分配器各单元电路输出波形图。

9

实验七 模数转换电路

9.1 实验目的

(1) 熟悉模数(A/D)转换器的基本工作原理及性能指标。

(2) 熟悉集成 ADC 的特性,学会搭建与分析集成 ADC 仿真电路。

(3) 掌握模数(A/D)转换集成芯片 ADC0809 的性能及其使用方法。

9.2 实验工具

(1) 硬件平台:NI ELVIS Ⅲ。

(2) 电阻、导线、开关和 LED 灯各若干,万用表、示波器各一台。

(3) 集成电路。实验所用的集成电路如表 9-1 所列。

表 9-1 实验所用的集成电路

集成电路型号	集成电路描述	数量/片
ADC0809	8 位 A/D 转换器	1

9.3 实验原理

模数(A/D)转换就是将连续变化的模拟量转换为离散的数字量,用以实现该功能的电路或器件称为模数转换电路,通常称为 A/D 转换器或 ADC。ADC 将各种模拟信号转换为抗干扰能力更强的数字信号送入数字信号处理器或计算机中进行处理,是模拟量和数字量之间重要的桥梁。随着集成电路工艺和数字技术的发展,ADC 技术也得到了飞速发展,并在测控、通信、雷达、生物工程等多个领域得到了广泛应用。

ADC 对输入的连续变化的模拟量进行二进制编码,输出与模拟量大小成一定比例关系的离散数字量,通常包括四个过程:采样、保持、量化和编码。

9.3.1 采样与保持

由于输入是连续的且不断变化的模拟量,ADC 不能也不需要将输入信号完整地读取并存储下来,只需按照一定的周期性的时间间隔去读取输入的数值,这一过程称为"采样"。实现这一过程的电路称为采样器。

如图 9-1 所示,v_i 是输入的模拟信号,S 是周期性的采样脉冲,v_o 是输出的离散信号。对输入信号与采样脉冲做时域卷积处理,使得只有在采样脉冲非零的时间内,才会将模拟信号送到采样器的输出端,其他时间采样器输出为零。在通信技术中,这一过程也可称为调制。输入信号为原始信号,输出信号为调制信号。采样脉冲的周期越短,即采样频率越高,调制信号越接近原始信号。为了保证调制信号能尽量不失真地恢复原始信号,采样过程必须满足采样定理:采样脉冲的频率必须大于等于 2 倍的原始信号最高频率分量,即 $f_s \geqslant 2f_{i(\max)}$。

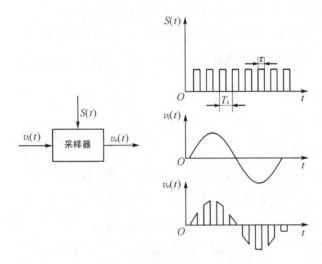

图 9-1 采样过程波形示意

由于采样脉冲通常是一系列窄脉冲信号,因此采样得到的信号宽度往往很小,且被采样的信号是动态变化的,而 A/D 转换是需要时间的,为了弥补采样与转换的时间差,使后续电路能更好地处理采样信号,通常需要保持当前采样得到的信号值,直到下一次采样脉冲上升沿的到来。实现"保持"这一功能的电路即保持器。采样与保持电路通常合在一起,称为采样-保持电路。

图 9-2 所示电路是一个基本的开环采样-保持电路。采样-保持电路由开关器件、电容和运算放大器组成。开关器件 T 由时钟脉冲 S 来激活,提供命令输入信号,用于开始/停止采样。当时钟脉冲处于高电平时,开关闭合,开始对输入信号进行采样;当时钟脉冲处于低电平时,开关打开,电路保持当前时刻的采样信号。

9.3.2 量化与编码

采样-保持电路的输出信号在时间上是离散的,但是在数值上并不是离散的,所以仍然不是数字信号,数字信号要求在数值上也是离散的。量化就是将采样-保持电路的输出

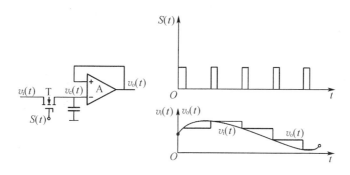

图 9-2　开环采样-保持电路

信号转换为特定数码对应或接近的离散电平的过程,量化之后对应的电压称为量化电平。将量化电平用二进制代码表示,即编码。

　　所谓量化,通常是将采样电压转换为某个最小单位电压 Δ 整数倍的过程。分成多少个整数倍或等级,称为量化级,最小单位电压 Δ 为量化单位。量化通常采用"四舍五入"或"去零求整"的方法,如图 9-3 所示。"去零求整"的处理方法是当输入电压 $v_\circ$ 在两个相邻的量化值之间时,量化电平 v_G 取前一个量化值。"四舍五入"的处理方法是当输入电压 $v_\circ$ 的尾数小于 $\Delta/2$ 时,量化电平取前一个量化值,反之取后一个量化值。量化和编码过程及结果如表 9-2 所列。

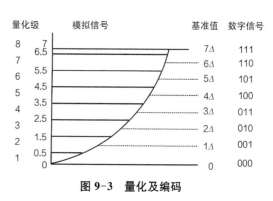

图 9-3　量化及编码

表 9-2　量化及编码过程与结果

"四舍五入"式			"去零求整"式		
样值电平 $v_\circ$	量化电平 v_G	编码	样值电平 $v_\circ$	量化电平 v_G	编码
$v_\circ < 0.5\ \mathrm{V}$	0 V	000	$v_\circ < 1\ \mathrm{V}$	0 V	000
$0.5\ \mathrm{V} \leqslant v_\circ < 1.5\ \mathrm{V}$	1 V	001	$1\ \mathrm{V} \leqslant v_\circ < 2\ \mathrm{V}$	1 V	001
$1.5\ \mathrm{V} \leqslant v_\circ < 2.5\ \mathrm{V}$	2 V	010	$2\ \mathrm{V} \leqslant v_\circ < 3\ \mathrm{V}$	2 V	010
$2.5\ \mathrm{V} \leqslant v_\circ < 3.5\ \mathrm{V}$	3 V	011	$3\ \mathrm{V} \leqslant v_\circ < 4\ \mathrm{V}$	3 V	011
$3.5\ \mathrm{V} \leqslant v_\circ < 4.5\ \mathrm{V}$	4 V	100	$4\ \mathrm{V} \leqslant v_\circ < 5\ \mathrm{V}$	4 V	100
$4.5\ \mathrm{V} \leqslant v_\circ < 5.5\ \mathrm{V}$	5 V	101	$5\ \mathrm{V} \leqslant v_\circ < 6\ \mathrm{V}$	5 V	101
$5.5\ \mathrm{V} \leqslant v_\circ < 6.5\ \mathrm{V}$	6 V	110	$6\ \mathrm{V} \leqslant v_\circ < 7\ \mathrm{V}$	6 V	110
$6.5\ \mathrm{V} \leqslant v_\circ$	7 V	111	$7\ \mathrm{V} \leqslant v_\circ$	7 V	111
最大量化误差为 0.5 V			最大量化误差为 1 V		

不管是哪种量化方法,每一次量化后的值 v_G 通常与 v_o 是不相等的,都不可避免地会引入量化误差。"四舍五入"式最大量化误差为 $\Delta/2$,"去零求整"式最大量化误差为 Δ。由于前者量化误差小,故被大多数 ADC 采用。

ADC 根据转换原理的不同,可以分为逐次比较型、双积分型、并行/串行比较器、压频变换型等;根据转化速度的不同,可以分为超高速、高速、中速、低速等;根据转化位数,可以分为 8 位、12 位、14 位、16 位等。尽管 ADC 种类众多,但是目前广泛应用于单片机应用系统的主要有逐次比较型转换器和双积分型转换器。其中,逐次比较型 ADC 在精度、速度以及价格方面适中,是最常用的 A/D 转换器。双积分型 ADC 具有精度高、抗干扰性好、价格低廉等优点,但是转换速度略低于逐次比较型 ADC,近年来在单片机中也得到了广泛应用。

9.3.3 逐次比较型 ADC

逐次比较型 ADC 的基本思想是将输入的模拟量与 DAC 产生的反馈电压进行多次比较,比较次数人为设定,使输送到 DAC 的数字量逼近输入的模拟量。

逐次比较型 ADC 的原理结构如图 9-4 所示,由时钟脉冲、比较器、D/A 转换器(DAC)、寄存器、控制电路五个部分组成。在初始时刻,首先将寄存器清零,此时给 DAC 的数字量也是 0。当转换控制信号 v_L 变成高电平时开始转换,时钟信号首先将寄存器的最高位置 1,使寄存器的输出为 100…0,并输入到 DAC 中,经 D/A 转换(DAC),得到反馈电压 v_F,将输入的模拟信号 v_i 与 v_F 进行比较,若 $v_i \geqslant v_F$,说明数字不够大,保留寄存器高位的 1;反之,若 $v_i < v_F$,说明数字过大,应去掉寄存器高位的 1。然后,将寄存器的次高位置 1 再次比较 v_i 与 v_F,按上述规则确定该位 1 是否需要保留。经过多次逐位比较,直到最低位完成比较为止。此时,v_i 与 v_F 的误差小于一个单位量化值,寄存器中所存的数码即所求的数字量。

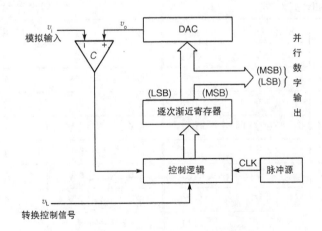

图 9-4 逐次比较型 ADC 原理结构

9.3.4 双积分型 ADC

双积分型 ADC 的基本原理是将输入模拟电压 v_i 转换为与 v_i 成正比的时间间隔 Δt。利用频率恒定的计数脉冲，把 Δt 转换为计数值 N，即把 Δt 转换为与 v_i 成正比的数字量。这也被称为"模拟电压—时间间隔—数字量"转换。

双积分型 ADC 由时钟脉冲、积分器、比较器、计数器、控制单元等组成，其原理结构如图 9-5 所示。其中，积分器是转换器的核心，由运算放大器和 RC 积分网络组成。在转换开始前，转换控制信号 v_L 为低电平，计数器清零，并接通开关 S_0，从而使积分电容 C 完全放电。然后，令 S_1 接通到输入信号的一侧，使模拟输入信号 v_i 接入积分器，积分器对 v_i 进行固定时间的 T_1 积分，其中：

$$T_1 = T_{CP} \cdot N_1 \tag{9-1}$$

式中 T_{CP} ——频率恒定的时钟脉冲的周期；

N_1 ——计数器的满量程。

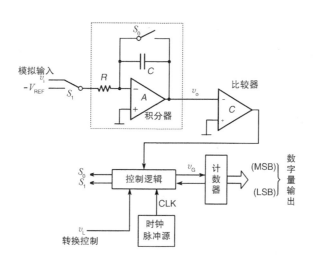

图 9-5 双积分型 ADC 原理结构

当计数器达到满量程时，计数器清零，开关 S_1 接到 $-V_{REF}$，第一阶段积分结束。积分器输出的电压 v_o 为

$$v_o = -\frac{1}{RC} \int_0^{T_1} v_i \mathrm{d}t \tag{9-2}$$

由于采样-保持电路的作用，v_i 在 T_1 时间内是恒定值，RC 的值也是稳定不变的，所以，此时

$$v_o = -\frac{1}{RC} v_i T_1 \tag{9-3}$$

第二阶段的积分是利用固定频率的时钟脉冲对 Δt 进行计数,计数结果即正比于输入模拟信号的数字量。开关 S_1 接到 $-V_{REF}$,基准电压 $-V_{REF}$ 接入积分器。由于 $-V_{REF}$ 与 v_o 极性相反,积分器反相积分。计数器由 0 开始新一轮的计数,当积分器输出 $v_o=0$ 时,停止积分,计数器停止,此时的时钟脉冲数记为 N_2。 结束积分时,输出满足

$$v_o + \frac{1}{RC} \int_0^{T_{CP} \cdot N_2} V_{REF} \mathrm{d}t = 0 \qquad (9-4)$$

即

$$v_o = -\frac{1}{RC} V_{REF} T_{CP} \cdot N_2 \qquad (9-5)$$

所以可以得到

$$N_2 = N_1 \frac{v_i}{V_{REF}} \qquad (9-6)$$

可以看到,计数值 N_2 是与 v_i 成正比的数字量。

双积分型 ADC 的优点是电路结构简单、工作性能比较稳定、抗干扰能力强,但是由于进行了两次积分,所以转换时间较长,一般用于速度要求不高、精度要求较高的测量仪器仪表、工业测控系统中。

9.3.5 ADC 的性能指标

ADC 的主要性能指标有分辨率、转换精度、转换时间等。

分辨率表示转换器对微小输入量变化的敏感程度,通常用输出二进制或十进制的位数表示。在输入电压相同的情况下,不同位数的 ADC 对应着不同的分辨率。在一定范围内,位数越多,分辨率就越高。较高的分辨率可以降低量化噪声,但是,由于模拟电路和开关电路的噪声通常限制了分辨率的提高,因此,并不是无限增加 ADC 的位数就能提高它的分辨率。

转换精度由分辨率和转换误差来决定。转换误差通常以输出误差最大值的形式,表示实际输出的数字量所对应的模拟输入量和理论上应有的模拟输入量之间的差值。A/D 转换电路中与每个数字量对应的模拟输入量并不是一个单一的数值,而是一个范围值 Δ,其中,Δ 的大小理论上取决于电路的分辨率。定义 Δ 为数字量的最小有效位 LSB。但在外界环境的影响下,与每一数字输出量对应的输入量的实际范围往往偏离理论值 Δ。 精度通常由最小有效位的 LSB 的分数值表示。

转换时间表征 ADC 转换的快慢,指从输入模拟信号进行采样开始,到输出有效数字信号的时间。转换时间由许多因素决定,例如时钟频率、各单元电路包含的元器件性能、分辨率、ADC 结构等。

9.3.6 ADC0809

ADC0809 是 8 位 A/D 数模转换器,采用逐次逼近式结构。其逻辑框图如图 9-6(a) 所示,由 8 路模拟开关、地址锁存器与译码器、比较器、8 位开关树型 A/D 转换器、逐次逼近寄存器、逻辑控制和定时电路组成,引脚图见图 9-6(b)。ADC0809 各引脚功能见表 9-3。

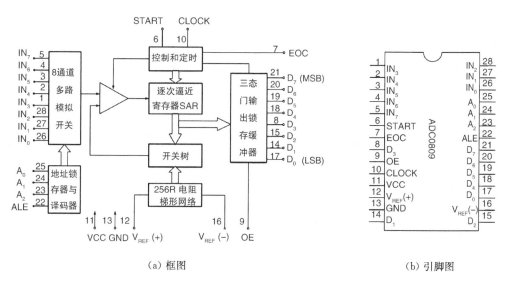

(a) 框图　　　　　　　　　　　　(b) 引脚图

图 9-6 ADC0809 逻辑框图及引脚排列

表 9-3 ADC0809 引脚功能

引脚	说明
IN_0—IN_7	8 路模拟信号输入端
D_0—D_7	8 位数字量输出端
A_2、A_1、A_0	地址输入端
ALE	地址锁存允许信号,输入端,产生一个正脉冲以锁存地址
START	A/D 转换启动脉冲输入端,输入一个正脉冲(至少 100 ns 宽)使其启动(脉冲上升沿使 0809 复位,下降沿启动 A/D 转换)
EOC	A/D 转换结束信号,输出端,当 A/D 转换结束时,此端输出一个高电平(转换期间一直为低电平)
OE	数据输出允许信号,输入端,高电平有效;当 A/D 转换结束时,此端输入一个高电平,才能打开输出三态门,输出数字量
CLOCK(CP)	时钟脉冲输入端,时钟频率范围为 10～1 280 kHz
VCC	＋5 V 单电源
V_{REF}(＋)、V_{REF}(－)	基准电压的正极、负极,一般 V_{REF}(＋)接＋5 V 电源,V_{REF}(－)接地

83

当 ALE 处于高电平时,A_2、A_1、A_0 三地址输入端经译码器,选通 8 路模拟信号输入的其中一路进行 A/D 转换。START 上升沿来临时,逐次逼近寄存器复位;下降沿来临时,启动 A/D 转换。EOC 变为低电平,直到 A/D 转换结束又置为高电平。如果将 START 与 EOC 直接相连,可以实现连续转换。当 OE 处于高电平时,输出三态门打开,转换结果的数字量输出到数据总线上,这样就可以将得到的数字量传送给单片机,进行下一步处理。

9.4 课前预习

(1) 熟悉 A/D 转换器基本结构、种类及用途。
(2) 熟悉实验所用的集成电路的引脚和功能。
(3) 根据实验原理及实验内容,绘制相应的实验草图。

9.5 注意事项

(1) 使用芯片前断开电源,安装时注意芯片的引脚方向。
(2) 注意各元器件的供电电压,必要时请查阅芯片的数据表。

9.6 实验内容和步骤

(1) 按照图 9-7 所示连接电路。

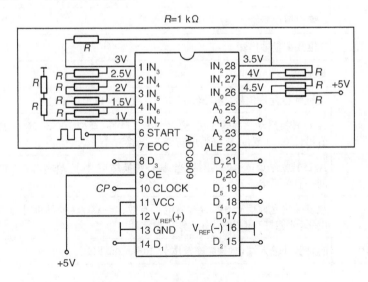

图 9-7 实验电路

（2）+5 V 电源电压经过电阻 R 分压，产生 1～4.5 V 的 8 个不同的电压信号，并传输给 8 路输入端 IN_0—IN_7，变换得到的结果通过输出端 D_0—D_7 输出。CP 时钟脉冲为 100 kHz。A_0—A_2 地址端接逻辑电平输出。

（3）接通电源后，在启动端（START）加一个单次正脉冲，当脉冲的下降沿到来时，开始进行 A/D 转换。

（4）记录 IN_0—IN_7 这 8 路模拟信号对应的转换结果，并将结果转换为十进制数表示的电压值，在与数字电压表实测的各路输入电压值进行比较后，分析误差产生的原因。

9.7 思考题

（1）查阅资料，分析 ADC 的主要技术参数有哪些。
（2）查阅资料，给出几个实际应用中 ADC 性能要求和应用场景的例子。（选做）

9.8 实验报告内容及要求

（1）整理实验数据，填写实验表格。
（2）按实验要求对结果进行分析。
（3）总结实验收获、体会。
（4）思考题。（选做）

实验原始数据记录

实验人员：

实验日期：

（1）绘制实验草图。

（2）改变输入电压，记录转换后的数字量，并与理论值作比较。

表 9-4 实验表格

被选模拟通道 IN	输入模拟量 V_i/V	地址 $A_2 A_1 A_0$	输出数字量	
			二进制数 $D_7 D_6 D_5 D_4 D_3 D_2 D_1 D_0$	十进制数
IN_0	4.5	000		
IN_1	4.0	001		
IN_2	3.5	010		
IN_3	3.0	011		
IN_4	2.5	100		
IN_5	2.0	101		
IN_6	1.5	110		
IN_7	1.0	111		

（3）结果对比分析。

10

实验八 数模转换电路

10.1 实验目的

(1) 熟悉数模(D/A)转换器的基本工作原理及性能指标。
(2) 掌握数模(D/A)转换集成芯片 DAC0832 的性能及其使用方法。

10.2 实验工具

(1) 硬件平台：NI ELVIS Ⅲ。
(2) 电阻、导线、开关和 LED 灯各若干，万用表、示波器各一台。
(3) 集成电路。实验所用的集成电路如表 10-1 所列。

表 10-1 实验所用的集成电路

集成电路型号	集成电路描述	数量/片
DAC0832	8 位 D/A 转换器	1
LM324	运算放大器	1

10.3 实验原理

数模(D/A)转换就是将离散的数字量转换为连续变化的模拟量，用以实现该功能的电路或器件被称为数模转换电路，通常称为 D/A 转换器或 DAC。DAC 的作用是将 N 位数字信号转换为相对应的模拟信号，运用于计算机、数字仪表等数字电子技术中的多个场合。特别是大规模集成 D/A 转换器的出现，为上述应用提供了极大便利。D/A 转换器大多由电阻阵列和 n 个电流/电压开关构成，此外也有为了提高转换器精度，将恒流源放入器件内部的。D/A 转换器一般由模拟部分(如参考电压、比较器、可控积分器等)、采样保持部分、数字或数据产生部分和数据输出部分四部分组成。一般，常用的线性 D/A 转换器，其输出模拟电压 U 与输入数字量 D 之间成正比关系，即 $U=kD$，式中 k 为常数。

D/A 转换器的一般结构如图 10-1 所示，图中数据锁存器用来暂时存放输入的数字信号。n 位寄存器的并行输出分别控制 n 个模拟开关的工作状态。通过模拟开关，将参考电压按权关系加到电阻解码网络。

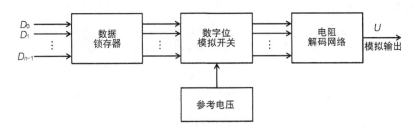

图 10-1　D/A 转换器的一般结构

倒 T 形电阻网络 D/A 转换器的原理如图 10-2 所示。由该图可以看出,解码网络电阻只有 R 和 $2R$ 两种,且构成倒 T 形,故又称为 R-$2R$ 倒 T 形电阻网络 DAC。其中,S_i 为模拟开关,R-$2R$ 电阻解码网络呈倒 T 形,运算放大电路 A 组成求和电路。

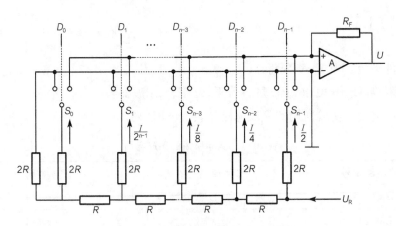

图 10-2　倒 T 形电阻网络 D/A 转换器

模拟开关 S_i 由输入数码 D_i 控制。当 $D_i = 1$ 时,S_i 接运算放大器反相端,电流 I_i 流入求和电路;当 $D_i = 0$ 时,S_i 将 $2R$ 电阻接地。根据运算放大器线性运用的"虚地"概念可知,无论开关 S_i 处于何种位置,与 S_i 相连的 $2R$ 电阻均将接"地"(地或虚地)。其余类推,可知流经 $2R$ 电阻的电流与开关位置无关,为确定值。分析 R-$2R$ 电阻网络可以发现,从每个节点向左看的二端网络等效电阻均为 R,流入每个 $2R$ 电阻的电流从高位到低位按 2 的整数倍递减。由 U_R 流出的总电流为 $I = U_R/R$,流入运算放大器的电流为

$$I_{\sum} = D_{n-1}\frac{I}{2^1} + D_{n-1}\frac{I}{2^2} + \cdots + D_1\frac{I}{2^{n-1}} + D_0\frac{I}{2^n}$$

$$= \frac{I}{2^n}(D_{n-1}2^{n-1} + D_{n-2}2^{n-2} + \cdots + D_1 2^1 + D_0 2^0)$$

$$= \frac{I}{2^n}\sum_{i=0}^{n-1} D_i 2^i \tag{10-1}$$

运算放大器的输出电压为

$$U = -I_\sum R_F = -\frac{IR_F}{2^n}\sum_{i=0}^{n-1}D_i 2^i \tag{10-2}$$

若 $R_F = R$，将 $I = U_R/R$ 代入式(10-2)，则有

$$U = -\frac{U_R}{2^n}\sum_{i=0}^{n-1}D_i 2^i \tag{10-3}$$

可见，输出模拟电压正比于数字量的输入。

由于电流开关的切换误差小，因此，大多数 D/A 转换器都采用电流开关型电路。电流开关型电路如果直接输出生成的电流，则称为电流输出型 D/A 转换器；若经过电流-电压转换后输出，则称为电压输出型 D/A 转换器。

10.3.1　D/A 转换器的主要技术指标

1. 分辨率

分辨率是指输入数字量最低有效位为 1 时，对应输出可分辨的电压变化量 ΔU 与最大输出电压 U_m 之比，即

$$分辨率 = \frac{\Delta U}{U_m} = \frac{1}{2^n - 1} \tag{10-4}$$

分辨率越高，转换时对输入量的微小变化的反应越灵敏。分辨率与输入数字量的位数有关，DAC 位数 n 越大，分辨率越高。

2. 转换精度

转换精度是实际输出值与理论计算值之差，这个差值是由转换过程中的各种误差引起的，主要指静态误差，包括非线性误差、比例系数误差和漂移误差。

（1）非线性误差。该误差是由电子开关导通的电压降和电阻网络电阻值偏差产生的，常用满刻度的百分数来表示。

（2）比例系数误差。该误差是由参考电压 U_R 的偏离引起的，因 U_R 是比例系数，故称之为比例系数误差。当 ΔU_R 一定时，比例系数误差如图 10-3 中的虚线所示。

（3）漂移误差。该误差是由运算放大器零点漂移产生的误差。当输入数字量为 0 时，由于运算放大器的零点漂移，输出模拟电压并不为 0。这使得输出电压特性与理想电压特性产生一个相对位移，如图 10-4 中的虚线所示。

10.3.2　8 位集成 DAC0832

DAC0832 是 8 位分辨率的 D/A 转换集成芯片，如图 10-5 所示，它由 8 位输入锁存器、8 位 DAC 寄存器、8 位 D/A 转换电路和转换控制电路构成。

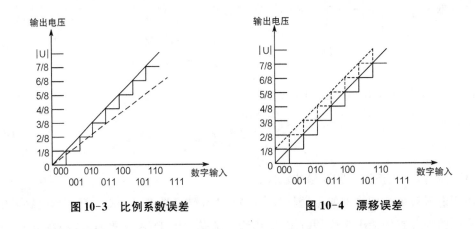

图 10-3　比例系数误差　　　　　　　图 10-4　漂移误差

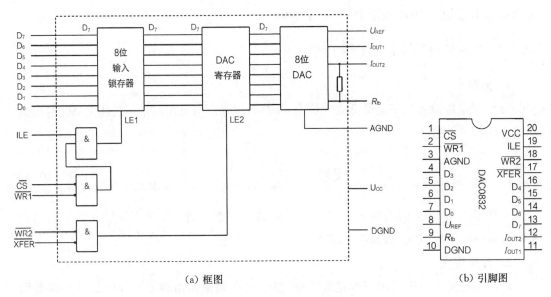

（a）框图　　　　　　　　　　　　　（b）引脚图

图 10-5　集成 DAC0832 框图与引脚图

由于 DAC0832 拥有两个可以分别控制的数据寄存器，所以在使用时，有较大的灵活性，可根据需要接成不同的工作方式。DAC0832 逻辑输入满足 TTL 电平，可直接与 TTL 电路或微机电路连接。D/A 转换结果采用电流形式输出。若需要相应的模拟电压信号，可通过一个高输入阻抗的线性运算放大器来实现。运放的反馈电阻可通过 R_{fb} 端引用片内固有电阻，也可以外接。若运算放大器增益不够，须外加反馈电阻。器件上各引脚的名称和功能如表 10-2 所列。

表 10-2　DAC0832 引脚

引脚名称	功能
ILE	输入锁存允许信号，输入高电平有效
$\overline{CS}$	片选信号，输入低电平有效

引脚名称	功能
$\overline{\text{WR1}}$	输入数据选通信号,输入低电平有效
$\overline{\text{WR2}}$	数据传送选通信号,输入低电平有效
$\overline{\text{XFER}}$	数据传送选通信号,输入低电平有效
D_7—D_0	8 位输入数据信号
U_{REF}	参考电压输入。一般此端外接一个精确、稳定的电压基准源。U_{REF} 可在 $-10\sim$ $+10$ V 范围内选择
R_{fb}	反馈电阻(内已含一个反馈电阻)接线端
I_{OUT1}	DAC 输出电流 1。此输出信号一般作为运算放大器的一个差分输入信号。当 DAC 寄存器中的各位为 1 时,电流最大;当全为 0 时,电流为 0
I_{OUT2}	DAC 输出电流 2。它作为运算放大器的另一个差分输入信号(一般接地)。I_{OUT1} 和 I_{OUT2} 满足关系:$I_{\text{OUT1}} + I_{\text{OUT2}} =$ 常数
U_{CC}	电源输入端(一般取$+5$ V)
DGND	数字地
AGND	模拟地

从 DAC0832 的内部控制逻辑分析可知,当 ILE、$\overline{\text{CS}}$ 和 $\overline{\text{WR1}}$ 同时有效时,LE1 为高电平。输入数据 D_7—D_0 进入输入寄存器,当 $\overline{\text{WR2}}$ 和 XFER 同时有效时,LE2 为高电平。在此期间,输入寄存器的数据进入 DAC 寄存器。8 位 D/A 转换电路随时将 DAC 寄存器的数据转换为模拟信号($I_{\text{OUT1}} + I_{\text{OUT2}}$)输出。

10.4　课前预习

(1) 熟悉 D/A 转换器的功能与应用。

(2) 熟悉实验所用的集成电路的引脚及功能。

(3) 根据实验原理及实验内容,绘制相应的实验草图。

10.5　注意事项

(1) 使用芯片前断开电源,安装时注意芯片的引脚方向。

(2) 注意各元器件的供电电压,NE555 定时器的最大供电电压为 18 V,必要时请查阅芯片的数据表。

10.6 实验内容和步骤

(1) 按照图 10-6 所示连接电路。

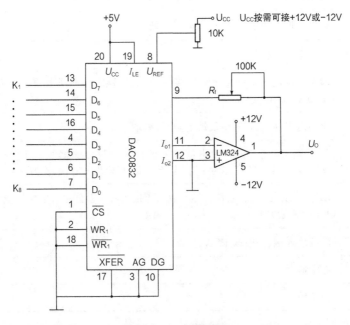

图 10-6 实验电路

(2) 计算输出电压公式。

(3) 调整 U_{REF} 和 R_f，改变输入数据，测量各输出电压，将结果填入实验表格中。

10.7 思考题

(1) 基准电压 U_{REF} 和外接负反馈电阻 R_f 分别会对输出电压造成什么影响？

(2) 输出的满量程电压（即输出电压最大值）与哪些因素有关？

10.8 实验报告内容及要求

(1) 整理实验数据，填写实验表格。

(2) 按实验要求对结果进行分析。

(3) 总结实验收获与体会。

(4) 思考题。（选做）

实验原始数据记录

实验人员：

实验日期：

（1）调整 $U_{REF} = -10\,V$，取 $R_f = 0$，按表 10-3 输入数据，测量各输出电压。

表 10-3　实验表格($U_{REF} = -10\,V$, $R_f = 0$)

输入		输出电压 U_O(V)	
二进制数 $D_7\,D_6\,D_5\,D_4\,D_3\,D_2\,D_1\,D_0$	对应十进制数	理论值	实测值

（2）调整 $U_{REF} = +10\,V$，取 $R_f = 0$，按表 10-4 输入数据，测量各输出电压。

表 10-4　实验表格($U_{REF} = +10\,V$, $R_f = 0$)

输入		输出电压 U_O(V)	
二进制数 $D_7\,D_6\,D_5\,D_4\,D_3\,D_2\,D_1\,D_0$	对应十进制数	理论值	实测值

（3）调整 $U_{REF}=-5\,V$，取 $R_f=0$，按表 10-5 输入数据，测量各输出电压。

表 10-5　实验表格（$U_{REF}=-5\,V$，$R_f=0$）

输入		输出电压 $U_O(V)$	
二进制数 $D_7 D_6 D_5 D_4 D_3 D_2 D_1 D_0$	对应十进制数	理论值	实测值

（4）调整 $U_{REF}=+5\,V$，取 $R_f=0$，按表格输入数据，测量各输出电压。

表 10-6　实验表格（$U_{REF}=+5\,V$，$R_f=0$）

输入		输出电压 $U_O(V)$	
二进制数 $D_7 D_6 D_5 D_4 D_3 D_2 D_1 D_0$	对应十进制数	理论值	实测值

（5）调整 $U_{REF}=-10\,V$，并调节 R_f，使输入为 11111111 时的输出电压是 $+8\,V$，按表 10-7 输入数据，测量各输出电压。

表 10-7 实验表格($U_{REF} = -10$ V)

输入		输出电压 U_O(V)	
二进制数 $D_7 D_6 D_5 D_4 D_3 D_2 D_1 D_0$	对应十进制数	理论值	实测值

11

实验九 数字时钟

11.1 实验目的

(1) 掌握数字电路中分频、计数、译码、显示及时钟脉冲振荡器等组合逻辑电路与时序逻辑电路的综合应用。

(2) 熟悉多功能数字时钟电路的设计、组装与调试方法。

(3) 了解数字时钟的扩展应用。

11.2 实验工具

(1) 硬件平台：NI ELVIS Ⅲ，软件平台：Multisim 10.0。

(2) 1 片 4 MHz 石英晶体，电容、电阻、导线和七段显示器(共阴极)若干。

(3) 集成电路。实验所用的集成电路如表 11-1 所列。

表 11-1 实验所用的集成电路

集成电路型号	集成电路描述	数量/片
74LS48	7 段显示译码器	6
74LS160N	十进制计数器	12
74LS04	反相器	1
74LS74	D 触发器	1
74LS10	3 输入与非门	7
74LS00	四组 2 输入端与非门(正逻辑)	10

11.3 实验原理

数字时钟是采用数字电路来实现时、分、秒数字显示的计时装置,因其具有直观、计时准确且稳定等优点,被广泛应用于家庭、车站、办公室等公共场所,给日常的生活、学习与工作等带来了极大便利,已成为现代生活中不可或缺的一部分。随着数字电子技术的发展以及集成电路工艺的不断精进,数字时钟的精度日益提高且远远超过了老式钟表。钟表的数字化扩展了老式钟表的功能,给社会的生产生活带来了极大的帮助。数字时钟的应用场景日益增多,例如定时自动报警、按时响铃、时间程序自动控制、定时广播、通断动力设备以及各种定时电器的自动启用等。因此,学习数字时钟的基本原理与组成、了解其应用具有十分重要的意义。

实际上,数字时钟是一个对标准频率(1 Hz)进行计数的计数电路。数字时钟电路系统由主体电路和扩展电路两部分组成。其中,主体电路完成数字时钟的基本功能,其子部分主要包括显示电路、校时电路和时钟发生电路。数字时钟的原理框图如图 11-1 所示。

时钟发生电路是数字时钟电路的重要组成部分。该电路主要由振荡器和分频器产生 1 Hz(即 1 s)的标准秒脉冲。振荡电路给数字时钟提供一个频率稳定且准确的方波信号,以保证数字时钟走时准确、稳定。分频器采用计数器实现,以得到标准秒脉冲。在计数器电路中,用秒脉冲驱动秒计数器,利用秒计数器的复位脉冲作为分计数器的计数脉冲,利用分计数器的复位脉冲作为时计数器的计数脉冲。秒、分计数采用六十进制的计数器,时计数采用二十四进制计数器。译码器采用 BDC 码-7 段显示译码驱动器。显示电路采用 LED 七段数码管,校时电路可采用按键及门电路组成。

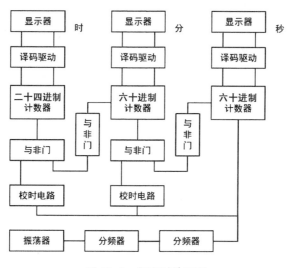

图 11-1　数字时钟原理

11.3.1　石英晶体振荡器

振荡器是数字时钟的核心,能够给数字时钟提供一个频率稳定且准确的方波信号。石英晶体振荡器的特点是振荡频率准确、电路结构简单、频率易调整。不管是指针式的电子钟还是数字显示的电子钟都使用了晶体振荡电路。用反相器与石英晶体构成的振荡电路如图 11-2 所示。电阻 $R1$ 是反相器 $U1$ 的偏压电阻,使 $U1$ 工作在线性区域,从而成为高增益的反相放大器,并确保振荡发生。此

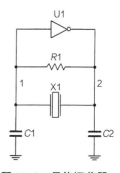

图 11-2　晶体振荡器

时,放大器两端输入输出电压相等。石英晶体 $X1$ 和两个电容 $C1$ 和 $C2$ 构成一个谐振型网络,完成对振荡频率的控制功能,同时提供了一个 $180°$ 相移,从而和非门构成一个正反馈网络,实现振荡器的功能。

11.3.2　分频器

在数字电路中,分频器是一种可以进行频率变换的电路,其输入、输出信号是频率不同的脉冲序列。由于石英晶体产生的频率很高,为了生成标准秒脉冲,需要对振荡器的输出信号进行分频。想要通过 $4\,MHz$ 信号得到 $1\,Hz$ 信号,可以首先进行 2 次 2 分频,然后进行 6 次 10 分频。其中,D 触发器用于实现 2 分频,计数器 74LS160N 用于实现 10 分频。

11.3.3　计数器

1. 六十进制计数器

"秒"计数器和"分"计数器均为六十进制,由一级十进制计数器和一级六进制计数器级联而成。4 位二进制计数器 74LS160N 是常用的中规模集成计数器,具有异步清零、同步并行预置数、加法计数和保持等功能,因此,采用 74LS160N 串接构成"秒"计数器和"分"计数器。如图 11-3 所示,集成电路 U1 构成十进制计数器,集成电路 U2 构成六进制计数器,采用同步级联方式连接 U1 和 U2。与非门 U3 形成 U2 的异步清零信号,当 U1 计数输出为"1001"、U2 计数器输出为"0110"时,立即反馈清零,从而实现六十进制递增计数。

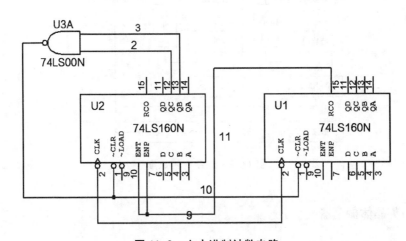

图 11-3　六十进制计数电路

2. 二十四进制

"时"计数器为二十四进制,由两级十进制计数器级联而成。如图 11-4 所示,采用 74LS160N 串接构成"时"计数器。集成电路 U1、U2 均接成十进制计数形式,采用同步级联异步反馈清零方式,用与非门 U3 形成 U1、U2 的异步清零信号,当 U1 输出状态为 "0100"、U2 输出状态为"0010"时,立即反馈清零,从而实现二十四进制递增计数。

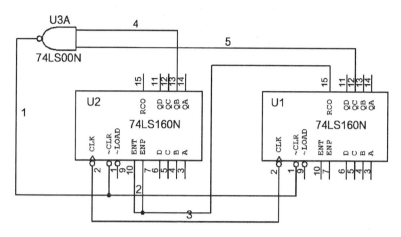

图 11-4 二十四进制计数电路

11.3.4 译码器

译码器是将计数器输出的 8421BCD 码转换为数码管需要的逻辑状态。74LS48 是一种常用的 7 段数码管译码器驱动器,可以直接驱动共阴极数码管,与 8421 编码计数器配合使用。74LS48 具有 7 段译码、消隐、灯测试以及动态灭零功能。74LS48 输入端使用 8421 码,与计数器输出端相连,74LS48 的输出作为显示器的驱动信号以实现相应的功能。

11.3.5 显示器

显示器采用 4 线-7 段共阴极 LED 数码显示器。

11.3.6 校时电路

校时电路是数字时钟的基本功能。当数字时钟接通电源或者计时出现误差时,都需要校准时间。校时电路要求在进行"时""分"或"秒"校准时,不影响其他两个计数器的正常计数。常用的校准方法为"快校时",即通过校时开关的控制,使标准秒脉冲进入校时电路,则"时"和"分"计数器将对校时脉冲进行计数,当计到需要校准的时间时,再使计数器转入正常计数。校时电路如图 11-5 所示。

工作时,当校时开关置于"A"端

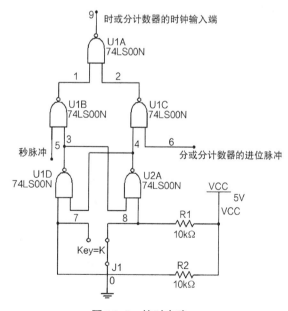

图 11-5 校时电路

时,秒脉冲信号被送至"时"或"分"计数器的 CP 端,使"分"计数器或"时"计数器在秒脉冲信号的作用下快速校准计数到需要校对的时间;当校时开关置于"B"端时,分计数器或秒计数器的进位脉冲被送至"时"计数器或"分"计数器的 CP 端,使"分"计数器和"时"计数器正常工作。

11.4　课前预习

(1) 熟悉数字时钟的基本组成与原理。

(2) 熟悉振荡器、分频器和计数器的基本原理与功能。

(3) 熟悉实验所用的集成电路的引脚及功能。

(4) 收集本实验所涉及的集成门电路数据手册。

11.5　注意事项

(1) 使用芯片前断开电源,安装时注意芯片的引脚方向。

(2) 确保各器件引脚准确连接,"悬空端""清 0 端"和"置 1 端"应正确处理。

(3) 注意各元器件的供电电压,芯片的供电电压一般为 5 V。

11.6　实验内容和步骤

(1) 先分别设计与调试振荡器、分频器、计数器及译码显示等部分,最后连接各单元电路,构成完整的数字时钟系统,进行联合调试。

(2) 在各部件设计完成之后,用示波器或频率计观察石英晶体振荡器的输出频率是否为 4 MHz。

(3) 用示波器或频率计观察分频器的输出频率是否为期望的 1 Hz。

(4) 检查数码管显示的数字是否正确。

(5) 检查校时电路是否可以实现快速校时。

(6) 以上实验步骤,建议首先基于 Multisim 仿真完成,然后在实验箱上完成电路的组装与调试。数字时钟基于 Multisim 的仿真电路,如图 11-6 所示(仅供参考)。

(7) 在此电路基础上,进一步完善电路结构,扩展数字时钟的功能,如设计整点播报、定时闹钟等。(选做)

11.7　实验报告内容及要求

(1) 实验目的。

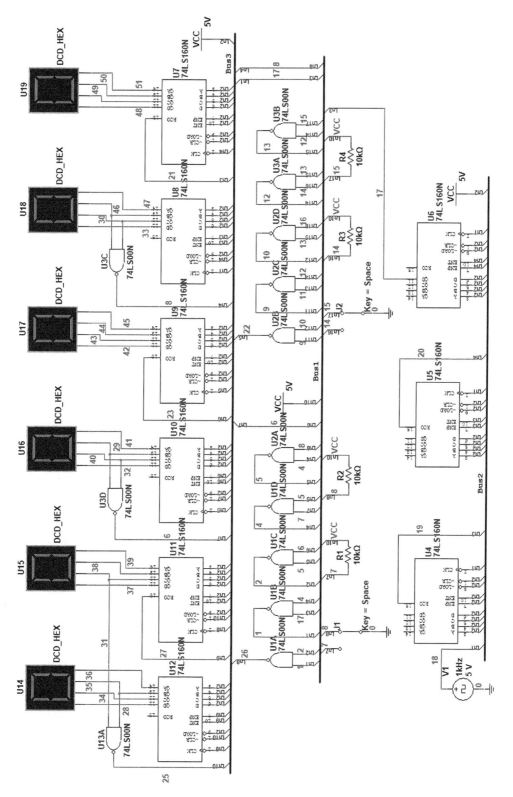

图 11-6 基于 Multisim 的仿真电路

（2）设计任务与要求。

（3）实验设备。

（4）实验内容及步骤（包括逻辑电路、实际接线照片、数据表格、计算公式等）。

（5）实验分析与讨论。

实验原始数据记录

实验人员：

实验日期：

（1）绘制基本的数字时钟电路图。

（2）检验数码管显示的数据是否正确，如果不正确，修改电路以获得正确结果。

（3）绘制整点报时电路图。

12

实验十　基于数模转换器实现波形发生器

12.1　实验目的

(1) 熟悉波形生成的基本原理。

(2) 熟悉数模转换器的基本功能、特点和应用。

(3) 掌握 555 定时器的使用方法。

(4) 提高综合应用各种数字电路的能力。

12.2　实验工具

(1) 硬件平台：NI ELVIS Ⅲ，软件平台：Multisim 10.0。

(2) 示波器一个，电阻、电容、导线和二极管各若干。

(3) 集成电路。实验所用的集成电路如表 12-1 所列。

表 12-1　实验所用的集成电路

集成电路型号	集成电路描述	数量/片
74LS161	10 进制加法计数器	2
555 定时器	集成定时器	1
DAC0832	8 位 D/A 转换器	1

12.3　实验原理

波形发生器作为一种常用的信号源，是现代测试领域内应用较为广泛的通用仪器之一。它可以产生多种波形信号，如正弦波、三角波、方波等。基于 D/A 转换的波形发生电路组成如图 12-1 所示，基本电路主要由方波发生器、计数器和 D/A 转换器三个部分组成。

图 12-1　基于 D/A 转换的波形发生电路

12.3.1 方波发生器

方波发生电路主要由 555 定时器构成。555 定时器是一种数字、模拟混合型的中规模集成电路,应用广泛。由于 555 定时器内部电压标准使用了三个 5 kΩ 电阻,因此取名为 555 电路。555 电路可以产生时间延迟和多种脉冲信号。利用 555 定时器可以构成单稳态触发器、多谐振荡器和施密特触发器等。本实验利用 555 定时器组成多谐振荡器来生成波形,555 定时器构成的多谐振荡器能自行产生矩形脉冲的输出,是脉冲产生(形成)电路,是一种无稳电路,电路如图 12-2 所示。

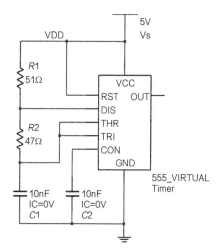

图 12-2 多谐振荡器电路

由 555 定时器和电阻、电容构成多谐振荡器。THR 与 TRI 直接相连。电路没有稳态,仅存在两个暂稳态,不需要外加触发信号,利用电源通过电阻 $R1$ 和 $R2$ 向电容 $C1$ 充电,以及 $C1$ 通过 $R2$ 向放电端 DIS 放电,使电路产生振荡。

在电路接通电源的瞬间,由于电容 C 来不及充电,电容电压 $V_C = 0$ V,所以,555 定时器的输出状态为 1,输出 V_o 为高电平。同时,集电极输出端对地断开,电源 VCC 对电容 C 充电,电路进入暂稳态 I。当电容电压 V_C 达到 $\frac{2}{3}$VCC 时,输出 V_o 为低电平,同时集电极输出对地短路,电容电压随之通过集电极输出端放电,电路进入暂稳态 II。电容 $C1$ 在 $\frac{1}{3}$VCC ~ $\frac{2}{3}$VCC 之间充电和放电,电路周而复始地产生周期性的输出脉冲。

电容充电时间为 $T1$。在电容充电时,时间常数 $\tau1 = (R1 + R2)C$,起始值 $V_C(0^+) = \frac{1}{3}$VCC,最终值 $V_C(\infty) = $VCC,转换值 $V_C(T1) = \frac{2}{3}$VCC,代入过渡过程计算公式进行计算,计算式为

$$T1 = \tau1 \ln \frac{V_C(\infty) - V_C(0^+)}{V_C(\infty) - V_C(T1)} = \tau1 \ln \frac{\text{VCC} - \frac{1}{3}\text{VCC}}{\text{VCC} - \frac{2}{3}\text{VCC}} = \tau1 \ln 2 = 0.7(R1 + R2)C$$

(12-1)

电容放电时间为 $T2$。在电容放电时,时间常数 $\tau2 = R2C$,起始值 $V_C(0^+) = \frac{2}{3}$VCC,最终值 $V_C(\infty) = 0$,转换值 $V_C(T1) = \frac{1}{3}$VCC,代入过渡过程计算公式进行计算,计算式为

$$T2 = 0.7R2 \cdot C$$

(12-2)

输出信号的时间参数,即电路振荡周期为 $T=T1+T2=0.7(R1+R2)C1+0.7R2 \cdot C$。脉冲宽度与脉冲周期之比,即输出波形占空比为

$$q=\frac{T1}{T}=\frac{0.7(R1+R2)C}{0.7(R1+2R2)C}=\frac{R1+R2}{R1+2R2} \tag{12-3}$$

由于这种形式的多谐振荡器只需 555 定时器与少量元件结合即可获得较高精度的振荡频率和较强的功率输出能力,因此得到广泛应用。

12.3.2 8 位二进制加法计数器

计数器是一种最常用的时序电路。计数器是由基本的计数单元和一些控制门所组成。计数单元是由一系列具有信息存储功能的各种类型的触发器组成,触发器包括 RS 触发器、T 触发器、D 触发器和 JK 触发器等。它不仅记录输入时钟脉冲的个数,还可以实现调幅、分频、定时和产生节拍脉冲序列等,有着广泛的应用。例如,在电子计算机的控制器中对指令地址进行计数,以便顺序取出下一条指令;在运算器中做乘法、除法运算时,记下加法、减法的次数以及在数字仪器中对脉冲进行计数等。

计数器按照计数进制的不同,可以分为二进制计数器、十进制计数器、其他进制计数器和可变进制计数器等。目前,市场上的计数器一般只有十进制和二进制集成电路芯片。集成计数器的二进制计数器具有简化电路、降低线路等优点,提高了电路的可靠性。

74LS161 是 4 位二进制可预置同步计数器,该计数器能同步并行预置数据,具有清零置数、计数和保持功能,具有进位输出端,可以串接计数器使用。由于它采用 4 个主从 JK 触发器作为记忆单元,故又称为 4 位二进制同步计数器,其集成芯片引脚如图 12-3 所示,各引脚的功能如表 12-2 所列。

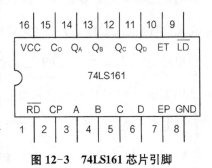

图 12-3　74LS161 芯片引脚

表 12-2　74LS139 引脚功能

引脚名称	功能
VCC	电源正端,接+5 V
$\overline{RD}$	异步置零(复位)端
CP	时钟脉冲
$\overline{LD}$	预置数控制端
D、C、B、A	数据输入端
Q_D、Q_C、Q_B、Q_A	数据输出端
Co	进位输出端(高电平有效)
ET、EP	计数控制端(高电平有效)

该计数器由于内部采用了快速进位电路,所以具有较高的计数速度。各触发器翻转是靠时钟脉冲信号的正跳变上升沿来完成的。时钟脉冲每正跳变一次,计数器内各触发器就同时翻转一次,74LS161 的逻辑功能如表 12-3 所列。

由于 73LS161 的计数容量为 16,即计 16 个脉冲,发生一次进位,所以可以用它构成十六进制以内的各进制计数器。本实验采用两片 74LS161D 构成 8 位二进制加法计数器,其电路如图 12-4 所示。将两片 74LS161D 串联,即可得到 8 位二进制计数器。

表 12-3　74LS161 逻辑功能

输入									输出			
$\overline{RD}$	$\overline{LD}$	ET	EP	CP	D	C	B	A	Q_D	Q_C	Q_B	Q_A
0	×	×	×	×	×	×	×	×	0	0	0	0
1	0	×	×	↑	d	c	b	a	d	c	b	a
1	1	1	1	↑	×	×	×	×	计数			
1	1	0	×	×	×	×	×	×	保持(RCO=0)			
1	1	×	0	×	×	×	×	×	保持			

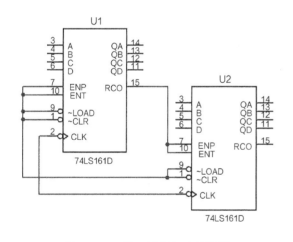

图 12-4　8 位二进制加法计数器

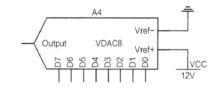

图 12-5　8 位 D/A 转换电路

12.3.3　8 位 D/A 转换器

实验采用 8 位 D/A 转换集成电路,如图 12-5 所示,该转换器有 8 个输入端(其中每个输入端是 8 位二进制数的一位),有一个模拟输出端。输入可有 256 个不同的二进制组态,输出为相应的 256 个电压之一,即输出电压不是整个电压范围内的任意值,而只能是 256 个离散值。

12.4 课前预习

(1) 熟悉 555 定时器、多进制计数器、DAC 的电路结构和基本工作原理。

(2) 熟悉实验所用的集成电路的引脚及功能。

(3) 收集本实验所涉及的集成门电路数据手册。

12.5 注意事项

(1) 使用芯片前断开电源,安装时注意芯片的引脚方向。

(2) 万用表或其他元器件连线时,注意元器件的正、负极。

(3) 注意各元器件的供电电压,芯片的供电电压一般为 5 V。

12.6 实验内容和步骤

(1) 按照图 12-6 搭建电路。

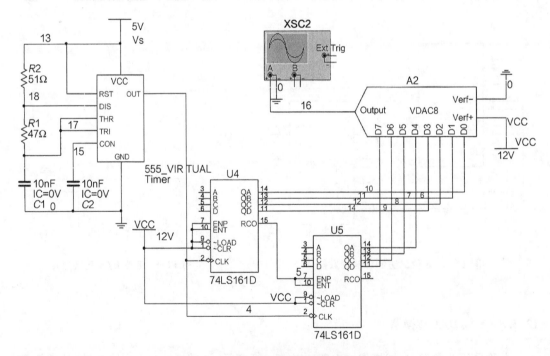

图 12-6　基于 D/A 转换的波形发生电路

(2) 观察波形发生电路的输出波形,将仿真结果与实验结果进行分析与比较。

(3) 观察计数器输出波形数据,验证数据的正确性。

（4）观察 D/A 转换器的输出波形，对结果进行分析并加以改进。

（5）对电路进行改进，修改生成波形的频率。（选做）

（6）对电路进行改进，使之生成三角波、正弦波、阶梯波等其他波形。（选做）

12.7 思考题

（1）如果将波形数据换成 4 位 64 个数据输入 D/A 转换器，那么输出的波形结果是什么样的？请分析并验证。

（2）调研其他的波形发生电路，评价各种方案的优缺点。

12.8 实验报告内容及要求

（1）实验目的。

（2）实验设备。

（3）实验内容及步骤（包括测试采用的原理图、实际接线照片、数据表格、计算公式等）。

（4）实验分析与讨论。

实验原始数据记录

实验人员：

实验日期：

(1) 波形发生器结果分析。

(2) 原始 D/A 转换器输出波形。

(3) 改进后的 D/A 转换器输出波形。

（4）调整输出波形频率后的电路图与结果。（选做）

（5）生成不同种类波形的电路图与结果。（选做）

参 考 文 献

［1］ 穆克.电路电子技术实验与仿真［M］.北京：化学工业出版社，2014.

［2］ 朱定华.电子电路实验与课程设计［M］.北京：清华大学出版社，2009.

［3］ 黄培根，奚慧平.Multisim7& 电子技术实验［M］.杭州：浙江大学出版社，2005.

［4］ 熊小君.数字逻辑电路分析与设计教程［M］.北京：清华大学出版社，2012.

［5］ 任骏原，腾香，李金山.数字逻辑电路 Multisim 仿真技术［M］.北京：电子工业出版
社，2013.